在真正的意義上 AI尚未實現

原本AI的定義就很模糊，
沒有明確的規範

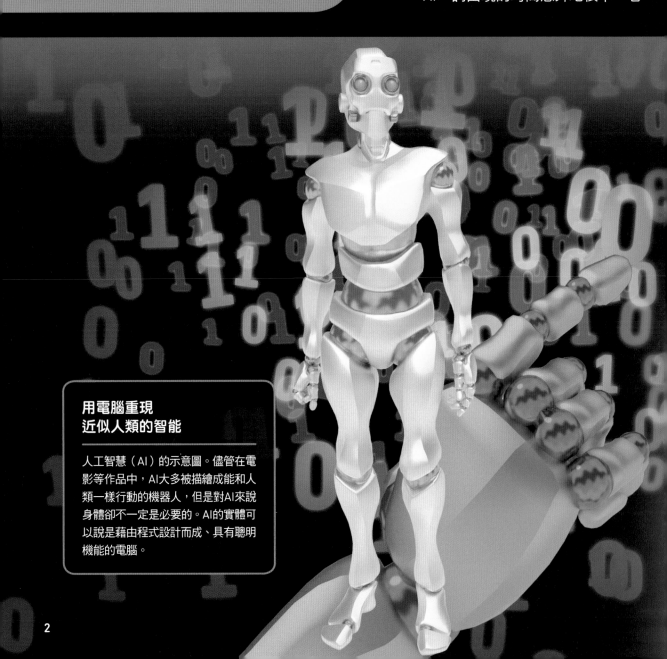

聽到人工智慧（AI）時，腦海中會浮現出什麼呢？是像Siri或Google助理等智慧型手機的語音助理、持續開發中的自動駕駛汽車、在2016年擊敗了職業圍棋棋士而蔚為話題的AI「AlphaGo」，又或者是像哆啦A夢這樣能和人類一樣行動的機器人……。不過，即便浮現出像前述的各種想像，無法理解AI到底是什麼的人應該仍不在少數。

AI一詞出現的時間意外地很早，它

用電腦重現 近似人類的智能

人工智慧（AI）的示意圖。儘管在電影等作品中，AI大多被描繪成能和人類一樣行動的機器人，但是對AI來說身體卻不一定是必要的。AI的實體可以說是藉由程式設計而成、具有聰明機能的電腦。

是在1956年於美國達特茅斯學院召開的研究會議上所誕生的詞彙。當時決定把能夠像人類一樣思考、具有智能的電腦稱為「人工智慧」（AI，artificial intelligence）。事實上，以這樣的定義來看，直到現在AI都尚未實現。

然而，近年來開始出現各種宣稱搭載了AI的家用電器。在此所稱的AI定義就很模糊了，到底是滿足什麼樣的條件就可以稱作AI，實際上並沒有明確的規範。目前凡是「接近人類智能的人工智慧（機能）」，便稱其為AI。

```
acc = 0.0
sum = 0
CL = xrange(1,num_of_class)
sum_TP, sum_P, sum_T = {x: 0 for x in CL}, {x: 0 for x in CL}, {x: 0 for x in C

perm = np.random.permutation(len(x_te))
for i in xrange(0, len(x_te), BL):
    bt = perm[i:i+BL]
    #print bt
    x = chainer.Variable(xp.asarray(x_te[bt]), volatile='on')
    t = chainer.Variable(xp.asarray(y_te[bt]), volatile='on')
    out = model(x,t)
    #print out
    #print model.h_data
    predict = np.asarray(np.argmax(cuda.to_cpu(out),axis=1),dtype=np.in
    answer = y_te[bt]
    acc += np.sum( predict == answer )
    sum += len(bt)
    for lb in CL:
        sum_TP[lb] += np.sum( (predict == lb) * (answer == lb) )
        sum_P[lb]  += np.sum( (predict == lb))
        sum_T[lb]  += np.sum( (answer == lb))
logger[epoc,1] = acc/sum
sum_p,sum_r,sum_f=0.0,0.0,0.0
for lb in CL:
```

第一次AI熱潮與首次寒冬期

AI的研究從1950年代就已經開始！

AI 的研究歷史意外地久遠，從將近70年前就已經開始。第一次AI熱潮是在1950年代後半期至1960年代間展開。

第一次AI熱潮是使用電腦來進行「推論及探索」，藉此推進能夠解決特定問題的研究。例如像是計算迷宮岔路的分歧點，來推測通往目的地路線的AI。

然而，當時的AI只能處理像是數學遊戲或迷宮這類具有嚴謹規則與目的地的題目，對於解決現實中的問題則派不上用場。下西洋棋的AI也曾被開發出來，但是以當時電腦的性能，尚不足以實現能夠戰勝人類的強大計算能力。如此一來，導致AI的研究面臨了首次的寒冬期。

探索迷宮的AI「忒修斯」

被譽為資訊理論之父的美國數學家暨電機工程學家向農（Claude Elwood Shannon，1916～2001），以及他於1950年代開發的迷宮探索機「忒修斯」（Theseus）。木製的小老鼠會移動，並解開位於圖片下半部的迷宮路線。向農也曾致力於開發下西洋棋的AI，是第一次AI熱潮的主要研究人員之一。

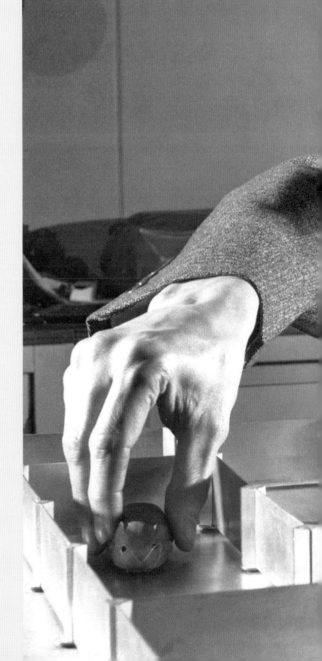

第二次AI熱潮與第二次寒冬期

原本以為實用性AI能夠在1980年代誕生……

第二次AI熱潮是在1980～1990年代初期。第二次AI熱潮發展的是名為「專家系統」（expert system）的機制，進行將知識與規則灌輸給AI的研究。

例如，在醫療診斷的系統中，先從醫師端收集病名及其症狀、治療方法等知識，然後灌輸給電腦。透過這種方式，就能從患者的症狀鎖定病名，呈現治療方法以及藥物。對現實生活派得上用場的實用性AI於焉登場。

然而，要讓電腦滴水不漏地記住所有知識及規則並加以管理實屬困難，並且，還有無法處理沒有數據資料的問題等缺點一個接一個地浮現。如此一來，大家開始發現專家系統有其極限，矚目程度也就越來越低了。AI研究於是面臨了第二次寒冬期。

1997年由國際商業機器公司（IBM）所製作的超級電腦「深藍」（Deep Blue）擊敗了當時的西洋棋世界冠軍卡斯帕洛夫（Garry Kimovich Kasparov，1963～）（左側）。這是從第一次AI熱潮就持續開發的西洋棋AI終於超越了人類能力的瞬間。

「深度學習」引發的第三次AI熱潮！
令全世界的AI研究人員大為震驚的系統！

第三次AI熱潮是從2000年代中期左右開始興起。近年來，應該有許多人曾經在新聞等媒體聽過「深度學習」（deep learning）一詞。

所謂深度學習，即是模仿人類大腦中神經元（neuron）的網路，讓AI學習事物的技術。

而這個技術受到矚目的契機，源自於2012年舉辦的「ILSVRC」（ImageNet Large Scale Visual Recognition Challenge），是一項以

利用深度學習來識別圖像中的物體

深度學習擅長辨識在圖像的什麼位置有著什麼物體，也就是圖像識別。深度學習會從大量數據中自行抽取出圖像含有的特徵，發揮高精確度的識別。如圖所示，黃框中是人物、紅框中則是街燈等人造物，它能識別出圖像中出現的物體為何。

AI對圖像識別的精確度作為競賽項目的世界級競賽。該賽事藉由讓AI回答圖像中的物體及其位置等，以比較各自的精確度（識別率）。

當年由首次出賽的加拿大多倫多大學的隊伍以壓倒性的比分獲得冠軍。獲勝的AI所搭載的系統運用了「深度學習」技術，由辛頓教授（Geoffrey Everest Hinton，1947～）等人所開發。在當時，圖像識別AI的精確度約為75%，而一年能得到1%的改善已經是非常努力的成果。然而，使用了深度學習的AI，其精確度卻能夠高出其他AI 10%以上。

利用深度學習，AI就能夠自行抽取在圖像等數據中含有的各種特徵。運用這個方法，AI在不同領域中的應用與研究都獲得了飛躍性的發展。

活躍在各種場合的AI

隨著AI的發展，社會不斷快速變化

運用了深度學習技術而變得聰明的AI，如今一個接一個地引進人類社會當中。例如，只要用相機拍攝臉部就能進行個人驗證的「臉部辨識系統」，已經被廣泛用於各式各樣的場合，像是機場的入境審查、智慧型手機的安全驗證，以及刑事案件的偵查等。

此外，像是民間的天氣預報服務，也應用了圖像識別的AI。透過讓AI學習辨認由人造衛星拍攝的衛星雲圖，

引進AI的五個例子

以下為處於第三次AI熱潮的現今，AI在各領域大顯身手的五個例子。像是智慧型手機的臉部辨識、民間的天氣預報系統等，AI已被運用在各種地方。

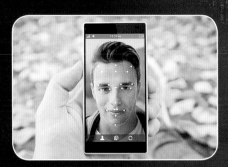

智慧型手機的臉部辨識

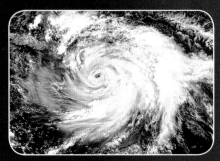

民間的天氣預報系統

藉此提高大氣預報的精確度。

識別字彙與文章的AI也有了極大的發展。現今在市面上已經出現了提供語音翻譯服務的這類AI，只要對著智慧型手機等工具或器材說話，就能準確地翻譯成所需國家的語言。另外，在企業的人才招募方面也有相關的運用，AI會分析求職者提交的報名表和應徵資料，藉此找出未來有望表現出色的候補人才。

在科學以及製造等領域也開始在引進AI。讓AI學習過往大量的實驗數據，再以此為基礎來輔助研究，相關的新計畫正在試行當中。

AI促進了科學技術的發展，持續讓生活變得愈加便利。

語音翻譯服務

企業的人才招募

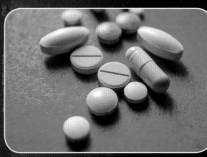

藥物的研發現場

電腦是如何運作的

把一切置換成數學式後進行計算

在 繼續AI的話題之前，先簡單了解一下電腦是如何運作的吧。

電腦中安裝了非常多的「程式」（program）。在人類使用鍵盤或滑鼠等工具輸入指令給電腦後，電腦就會根據相應的程式進行計算，並輸出答案。這些程式就是「程式語言」（programming language），由電腦所使用的語言開發而成。因此，無法程式語言化的（嚴格來說，就是無法用數學式來表示的）事物，就無法靠電腦來執行。但從另一方面來說，凡是能夠被程式化的事情，電腦就能夠以極快的速度來處理。

在右頁圖中，示範了電腦將會如何解答這個問題：「回答以下三個不同數字中，何者最大？」

來看看電腦的內部

右圖顯示了電腦是經過什麼樣的步驟來解答問題。電腦中安裝了各式各樣的「程式」，而它會根據程式來解決問題。程式必須用「程式語言」來記述，這是因為即便是人類一瞬間就能解答的問題，電腦如果不根據設定好的程式來計算的話就無法得出答案。

「回答以下三個不同數字中，何者最大？」的程式範例

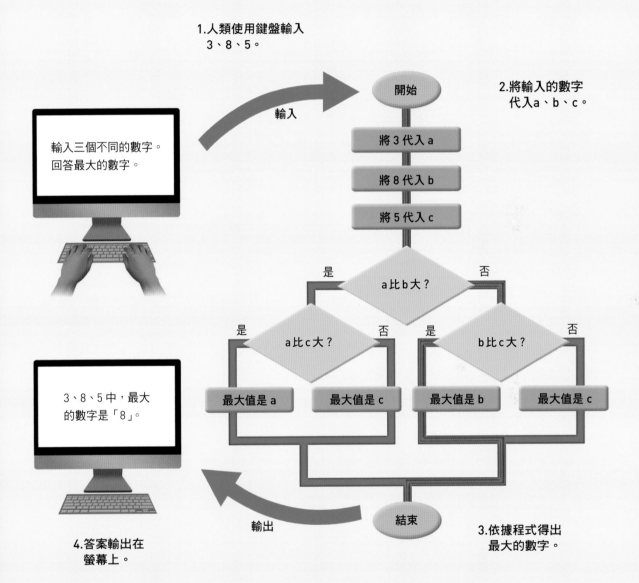

1. 人類使用鍵盤輸入 3、8、5。

輸入

2. 將輸入的數字代入 a、b、c。

開始

將 3 代入 a

將 8 代入 b

將 5 代入 c

a 比 b 大？　是　否

a 比 c 大？　是　否

b 比 c 大？　是　否

最大值是 a　　最大值是 c　　最大值是 b　　最大值是 c

輸入三個不同的數字。回答最大的數字。

3、8、5 中，最大的數字是「8」。

結束

輸出

3. 依據程式得出最大的數字。

4. 答案輸出在螢幕上。

在輸入 3、8、5 的狀況下，就會經過紅色路徑，
輸出最大值為「8」的答案。

電腦的「記憶」與「理解」是不同的概念

僅依靠資訊量與計算速度無法變「聰明」

電腦擅長完整地「記憶」資訊。然而，對於像是需要「理解」文章並針對其內容作出某些「判斷」的狀況，就很不拿手了。

為了讓大家了解電腦要進行「理解」與「判斷」到底有多麼困難，我們以右頁所示的範例，來展示電腦在面對兩個文句內容是否相似的問題時，其判斷機制將如何運作。對電腦而言，要「理解」文章的意思是非常辛苦的。

能夠記憶大量的資訊，並根據程式進行快速計算的能力，是電腦的特徵也是種非常強大的力量。然而僅依靠這種能力，還不能稱得上是「聰明」的AI。

電腦的「判斷」機制

以人類來說，應該能馬上判斷出右頁上方的兩個文句含意十分相似吧。但是，要讓電腦理解這兩個文句含有相似的意義卻不是件簡單的事。原因就在於出現在兩個文句中的單詞完全不一樣。如果單純用單詞和單詞進行比對的話，電腦就會將它們判斷成「不相似」或「不一致」。

電腦在判斷兩個文句是否相似的過程

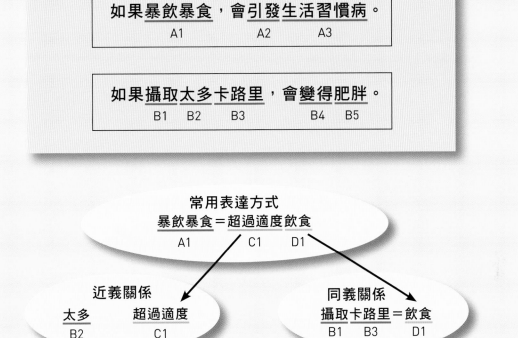

如果暴飲暴食，會引發生活習慣病。
A1　　　　　　A2　　　　A3

如果攝取太多卡路里，會變得肥胖。
B1　B2　　B3　　　　B4　　B5

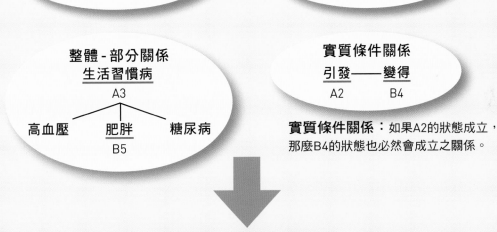

常用表達方式
暴飲暴食＝超過適度飲食
A1　　　　C1　　　D1

近義關係
太多　　超過適度
B2　　　　C1

同義關係
攝取卡路里＝飲食
B1　B3　　　D1

整體 - 部分關係
生活習慣病
A3
高血壓　　肥胖　　糖尿病
　　　　　B5

實質條件關係
引發——變得
A2　　　B4

實質條件關係：如果A2的狀態成立，
那麼B4的狀態也必然會成立之關係。

**先「計算」各個單詞的意義，
再判斷兩個文句是否相似**

電腦首先會將文句拆解成各個單詞（Ａ１～Ａ３、Ｂ１～Ｂ５），接著參考各式各樣的字典以及近義詞詞典等，來判斷各個單詞彼此之間有什麼樣的關係。在範例中，Ａ１是將Ｂ１到Ｂ３合併之後的單詞，Ｂ５屬於Ａ３的一部分，Ａ２則包含在Ｂ４裡面。就像這樣，電腦會依據詞彙之間的關聯性，來進行「意義的計算」。在經過以上的流程後，電腦就會判斷出這兩個文句的含意十分相似。

AI也會被
錯視圖騙倒？

右 頁的圖像是日本立命館大學的北岡明佳教授於2003年設計的錯視圖，名為「旋轉蛇錯視圖」。儘管這是一張靜止畫，看起來卻彷彿有蛇在旋轉似的。據說會有這種現象，是因為我們的大腦在觀看景象的同時，會一邊預測接下來的狀況所導致的。以這張圖的情況而言，就是指大腦擅自預測這張圖接下來應該會旋轉，導致圖案看起來就像在動一樣，此為比較有力的說法。

日本基礎生物學研究所的渡邊英治副教授及其研究團隊曾經運用「深度學習」技術，讓具有能稍微預測未來之機能的AI反覆學習日常風景中物體的移動模式。之後，再給AI觀看這張「旋轉蛇錯視圖」，結果發現AI和人類一樣，認為圖案在旋轉，這表示AI也被錯視圖給騙倒了。

反過來說，從AI的反應來看，或許「引發錯視的原因在於人腦會先行預測」的假說很有可能是正確的。

「機器學習」與 「深度學習」

深度學習是機器學習的
其中一種

要理解現今AI的機制，還有兩個重要關鍵字：「機器學習」及「深度學習」。那麼，首先來整合一下AI的全貌，及其大致的運作機制。

儘管目前「完善的人工智慧」尚未實現，但是已經有許多能夠聰明地行動的機械及系統存在，而具備這些機能的機械及系統也可稱為AI。例如，會配合房間的狀態自動調整風量與溫度的冷暖空調、應對客戶疑問的智慧問答系統、用於自動駕駛的圖像識別

人工智慧（AI）

· 讓電腦擁有像人類智能的機制。

· 擁有能夠聰明地行動之機能的機械以及系統。

智慧家電

機器學習

· 電腦以大量數據為基礎，進行自主學習的機制。

· 機器學習有各式各樣的方法。

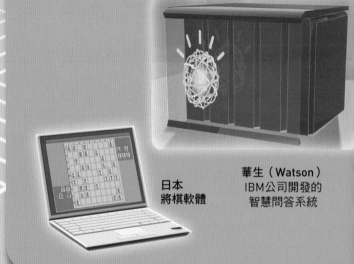

破解迷宮的 AI

日本
將棋軟體

華生（Watson）
IBM公司開發的
智慧問答系統

系統等，現在已出現各式各樣的運用事例（下圖）。

　　至今的AI，主要都是透過人類把解決問題所需的規則及知識灌輸給電腦，藉以重現出像人類的智慧。另一方面，現在成為AI研究主流的則是「機器學習」。

　　所謂的機器學習，就是讓機械（電腦）能夠自主進行「學習」的機制，並藉此嘗試打造出更「聰明」的AI。

　　雖然說起來簡單，但是機器學習包含了各式各樣的方法。而在這些方法之中，現在最受矚目的就是「深度學習」（deep learning），深度學習的出現使得AI的性能獲得了飛躍性的提升。

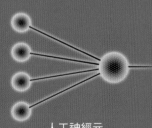

掃地機器人

聊天機器人
用設定好的文本自動進行對話的程式

來整理AI的相關用語吧

「機器學習」是AI技術的一種，而「類神經網路」（neural network）是機器學習的方法之一。蔚為話題的「深度學習」促成了類神經網路方法的發展。

類神經網路

・機器學習的方法之一。

・模擬人腦的結構來處理資訊的機制。

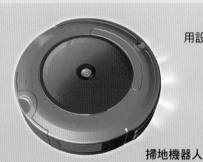

人工神經元

深度學習

・機器學習的方法之一。

・促成了類神經網路方法的發展。

・目前最受矚目的技術。

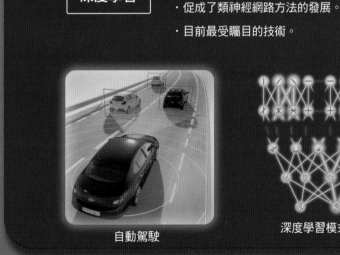

自動駕駛

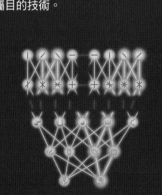

深度學習模式圖

什麼是「機器學習」

利用大量數據讓AI自主學習，
進行「分類」！

若能適切地進行「分類」，AI就可以變「聰明」

AI對各種事物進行分類的示意圖（圖左）。機器學習的機制是利用大量數據，讓AI能夠自行找出在這些數據中含有的共通點及規則。如果AI能適切地分類各種事物，那麼在輸入新數據時，也就能夠辨識（預測）出那個新數據是什麼東西（圖右）。

能 夠做出各種「聰明」行動的AI主要在做的事情可以稱之為「分類」※。例如，圖像識別AI在觀看大量圖像之後，進行諸如「這些圖像是大象」、「這些圖像不是大象」的分類行為。

　　至於要如何能夠適切地進行分類呢？答案就是機器學習，讓電腦自主學習並進行分類。從1990年代後半期開始，網路的普及與發展得以讓大量數據易於使用，使得電腦能夠自主學習的「機器學習」技術也因此向上提升了。

　　如果AI變得能夠適切地進行分類，那麼即使輸入該AI原本不知道的新數據，它也可以辨識（預測）出那是什麼。也就是說，假使AI看到新的大象圖像，它也能夠辨識出「這個圖像是大象」了。

※：AI除了能夠分類以外，也能透過氣溫與冰淇淋
　　販賣數量的數據，來盡可能地正確預測氣溫與
　　販賣數量之間的關係，這類的運用事例稱為
　　「迴歸」。

飲品

AI認知「牛奶」、「長頸鹿」、「電車」、「番茄」等物體時是將它們當作「各種數值的組合」。如圖所示，AI將各物件的元素化成空間中不同的點（實際上，是更高次元空間中不同的點）並加以認知。同樣屬於「動物」的物體，在空間中就會被放在鄰近的位置上。

新的圖像

動物

蔬菜

交通工具

讓 AI 辨識

預測機率

大象：93%

河馬：7%

雖說是分類，實際上也會遇到難以明確界定的問題。AI所認定的「是大象的機率為93%」、「是河馬的機率為7%」，是「預測」該物體會是什麼東西，並顯示機率。

機器學習① 什麼是「監督式學習」

預先提供答案的學習方法

加註了是否可以出貨之資訊標籤的大量蘋果圖像

機器學習大致上分為「監督式學習」（supervised learning）與「非監督式學習」（unsupervised learning）兩種。

所謂監督式學習，是先提供正確答案［標籤資料（labeled data）］給AI，使其能對照正確答案來回答的學習方式。例如，假設要讓AI學會識別「可以出貨的蘋果」與「不可以出貨的蘋果」，首先要準備各式各樣的蘋果圖像作為標籤資料，再灌輸給AI。然後AI便會根據「形狀」、「光澤」等特徵，來辨識該圖像是屬於「可以出貨的蘋果」還是「不可以出貨的蘋果」。

此時，各種蘋果的圖像上都被加註了標籤，標示出「這個可以出貨」、「這個不能出貨」的（事先經過人為辨識的）資訊。藉由這樣的作法，AI在得出自己的識別結果後，就能自行對照正確答案。如此一來，透過不斷地反覆辨識大量圖像，AI就能夠逐漸適切地識別出「可以出貨的蘋果」與「不可以出貨的蘋果」了。

監督式學習的示意圖

大量的蘋果圖像是用來讓AI辨識「可以出貨的蘋果」或是「不可以出貨的蘋果」，並且每一個圖像都加註了正確答案的資訊標籤，讓AI能自行對照正確答案。藉由反覆進行大量圖像識別並對照正確答案，AI就能學習如何愈加正確地辨別「可以出貨的蘋果」與「不可以出貨的蘋果」。

灌輸

辨識是「可以出貨的蘋果」
還是「不可以出貨的蘋果」

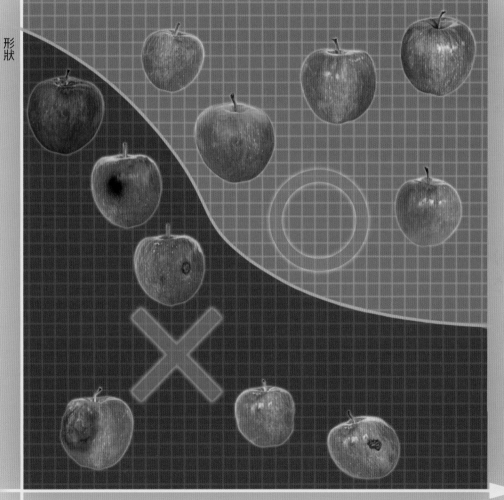

形狀

光澤

機器學習② 什麼是「非監督式學習」

讓AI自己找出特徵的學習方法

大量蘋果圖像

機器學習的另一種類型「非監督式學習」，則是不提供正確答案（標籤資料）給AI，而是讓AI自己從輸入的數據之中，抽取出特定模式、找出共通規則等的學習方法。

與第22頁一樣，假設要讓AI學會識別「可以出貨的蘋果」與「不可以出貨的蘋果」，那麼就得先將非常多的蘋果圖像灌輸給AI，以作為學習用的數據，再讓AI根據「大小」以及「紅色程度」等外觀上的差異來進行分類。在這些數據中，並沒有包含像是正確答案的提示之類的資訊。如此一來，AI就會判斷哪些蘋果是「又大又紅」、哪些是「又小又不紅」，自然而然地辨別各個蘋果的外觀是否相似，然後就能夠從建立好的分類當中，開始將屬於相同品種或外觀的蘋果分門別類。但是，除非人類曾先行教學過，否則AI仍然不會知道這些是屬於什麼種類的蘋果。

像這樣進行學習的AI，只要給予其新的蘋果圖像，就可以逐漸學會辨識蘋果品種的技巧了。

非監督式學習的示意圖

將大量蘋果圖像按照大小以及紅色程度的差異分類後，可以看出數種不同的群體。由於AI是根據許多不同的特徵來進行分類，因此能夠找出人類容易忽略掉的部分。非監督式學習在「異常檢測」等方面能夠發揮實力，是因為當提供新的數據給AI時，它如果發現該數據不屬於任何一個群體的話，就能得知那是「異常」的數據。

灌輸

AI

根據大小以及紅色程度等多種特徵來進行分類

大小

品種1

品種2

品種3

品種4

與其他物體相異的
特徵＝「異常」

紅色程度

AI是這樣變「聰明」的

透過AI來預測海水浴場的擁擠程度

一邊區分情境一邊學習適切條件的「決策樹」

機器學習的方法當中,有一種名為「決策樹」(decision tree)的方法。例如,假設要讓AI根據天候差異來判斷海水浴場的人潮是否擁擠,首先必須要對天氣、氣溫、風速的數據進行人潮擁擠與否的分類。接著,讓AI根據各個數據做出像右方的分支圖(樹狀圖)來區分情境,再去辨認每個情境下的人潮是否擁擠。

在右圖中,雖然是以「風速每秒5公尺以上」與否作為條件來區分,但是我們無法輕易得知該條件是否是最適用於界定每個情境的條件。根據設計問題的條件以及順序,預測的正確性也會有所不同。

藉由讓AI反覆分析數據,並自主學習如何設計問題的適切條件及順序等,這就是透過「決策樹」進行的機器學習。當AI學習完畢之後,就能夠透過輸入新的數據來預測當天的人潮擁擠程度了。

天候與海水浴場的擁擠程度

天氣	氣溫	風速	擁擠/不擁擠 (會來1,000人以上嗎?)
晴天	32℃	6m/s	✕
陰天	26℃	2m/s	✕
晴天	30℃	1m/s	○
陰天	29℃	1m/s	○
雨天	26℃	3m/s	✕
雨天	28℃	5m/s	✕

用天候數據來區分情境,預測海水浴場的人潮擁擠程度

運用「決策樹」來預測在不同天候時,海水浴場人潮擁擠與否的範例。比如「天氣是晴天」且「風速不到每秒5公尺」的話,就會「擁擠」。藉由讓AI找出最適合區分各情境的條件,它就能夠根據天候正確地預測出人潮擁擠的狀況。

首先，用「天氣」來區分數據情境

天氣

「下雨天」的話不擁擠

數據的天氣是「晴天」時，再用「風速」在每秒5公尺以上或不到來區分情境

風速

數據的天氣是「陰天」時，再用「氣溫」是28℃以上或不到來區分情境

氣溫

擁擠：0筆
不擁擠：2筆

區分情境之後的數據數量

每秒5公尺以上　不到每秒5公尺

28℃以上　不到28℃

擁擠：0筆
不擁擠：1筆

擁擠：1筆
不擁擠：0筆

擁擠：1筆
不擁擠：0筆

擁擠：0筆
不擁擠：1筆

實際上，使用每秒幾公尺的風速，或攝氏幾度的氣溫以區分情境，這些細微的條件也是靠AI找出來的。如此一來，AI就能自行找出可以正確預測人潮擁擠程度的樹狀圖。

「天氣是晴天」且「風速不到每秒5公尺」的話人潮就會擁擠

「天氣是陰天」且「氣溫在28℃以上」的話人潮就會擁擠

人類大腦
神經細胞的運作
大腦是由大量「神經元」
所組成

為了理解深度學習的機制,首先來看看人類大腦的構造。

大腦是由大量的「神經元」所組成,而神經元彼此之間會相互連結,形成網路。單個神經元會藉由名為「突觸」(synapse)的連結部位,接收來自其他眾多神經元的訊號。然後,等收到的訊號總量大到超過一定程度時,該神經元就會將訊號發送給其他的神經元,大腦就是像這樣透過

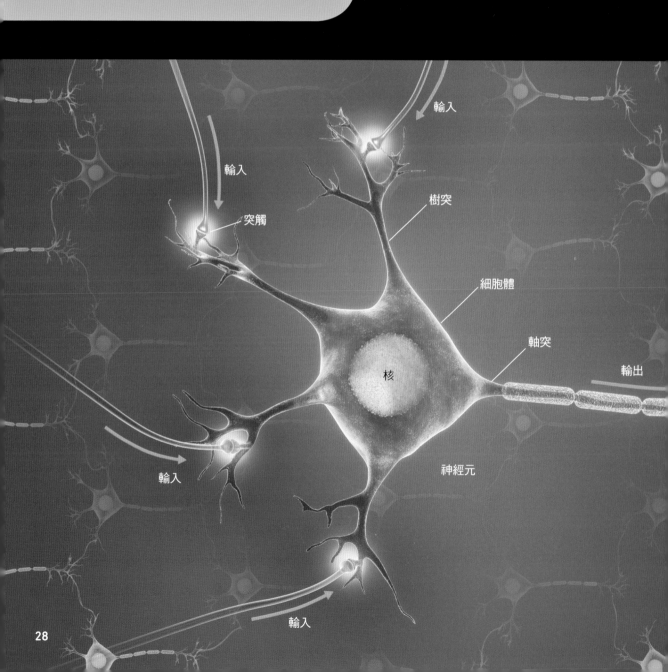

輸入

輸入

突觸

輸入

輸入

輸入

輸出

樹突

細胞體

軸突

核

神經元

神經元一個接一個地傳遞訊號以處理資訊。

　　此外，突觸也肩負「加權」資訊的重要職責。如果反覆學習同一件事，那麼同一個突觸就會因為屢次發送訊號而變大，接收訊號會變得更有效率。反之，幾乎沒有收到訊號的突觸會漸漸變小，乃至於消失。

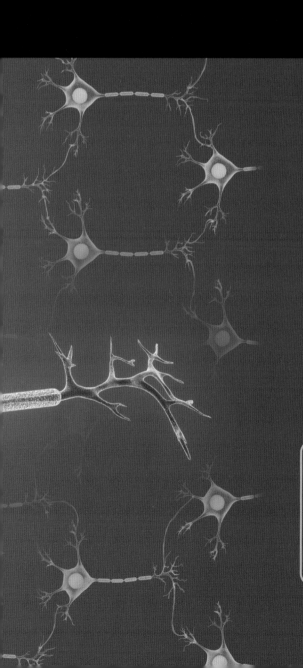

大腦的神經元

神經元透過突觸以接收來自其他眾多神經元的訊號。依據收到的訊號強度，神經元會再向下一個神經元發送訊號。在大腦裡，多個神經元連結形成了網路，藉此處理資訊。

模擬大腦神經細胞的「人工神經元」

像神經元一樣做出網路
來處理資訊！

深度學習是運用名為「類神經網路」的技術獲得了發展。

利用類神經網路，就能透過電腦程式模擬人類大腦神經細胞的運作模式，重現出人造的神經元，也就是人工神經元。人工神經元能接收複數的數值（輸入值），然後根據輸入值再輸出別的數值（輸出值），也就是所謂的函數。單個人工神經元也可以接收複數的輸入值，然後根據其設計，

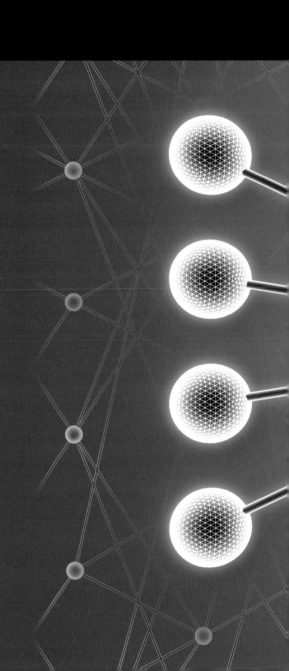

人工神經元

人工神經元能夠接收複數的輸入值，再將這些輸入值進行多項計算所得到的數值結果輸出。眾多的人工神經元分成數層並互相連結來處理資訊，就是所謂的類神經網路。

將這些輸入值進行多項計算所得到的數值結果輸出。

　類神經網路就像人腦結構一樣，將眾多的人工神經元分成好幾層並互相連結在一起，透過接二連三地變換一開始的輸入值（數據），藉此來處理資訊。

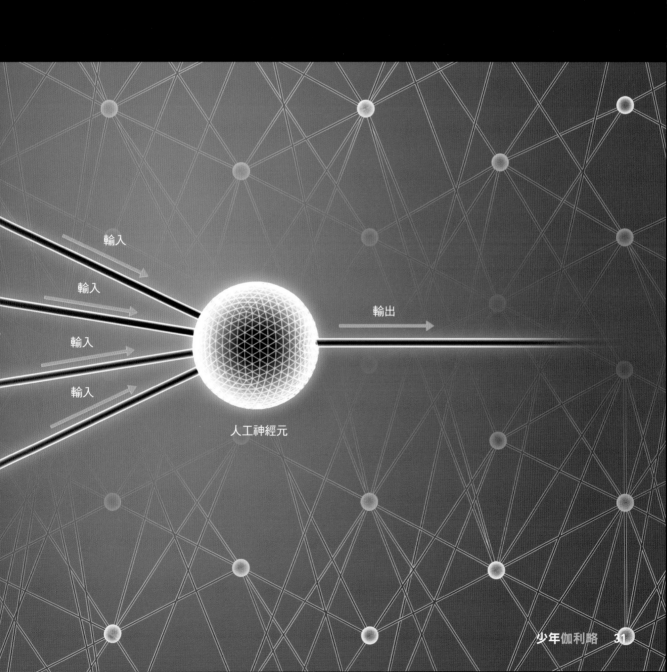

輸入

輸入

輸入

輸入

輸出

人工神經元

人工神經元的機制

一邊改良人工神經元的
網路一邊學習

AI 是如何利用類神經網路來進行學習的呢？

就像人類大腦的結構一樣，人工神經元在接收輸入值時，會加上名為「權重」的數值（係數）。權重的數值越大，代表在人工神經元之間傳遞資訊的效率越好。在類神經網路中，便是透過變化權重的數值，讓人工神經元彼此間的連結強度隨之改變，藉此進行學習。

例如，假設要讓AI判斷輸入的圖像是「◇」或是「＋」。我們以三層

學習前的類神經網路

輸入給輸入層的數據，會經過隱藏層再傳送給輸出層。而人工神經元之間的連結強度（權重值）以線的粗細度來表示。由於學習前的權重值是隨機的，所以從輸入層傳來的訊號會傳到輸出層上「＋」的人工神經元，因而作出錯誤的判斷。

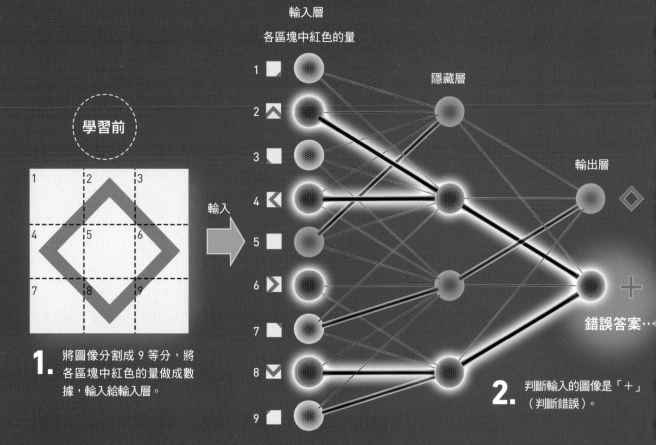

學習前

輸入層

各區塊中紅色的量

隱藏層

輸出層

輸入

1. 將圖像分割成 9 等分，將各區塊中紅色的量做成數據，輸入給輸入層。

錯誤答案…

2. 判斷輸入的圖像是「＋」（判斷錯誤）。

結構的類神經網路來思考，分別是最早接收到數據的「輸入層」（input layer）、輸出最終結果的「輸出層」（output layer），以及輸入層與輸出層之間的「隱藏層」（hidden layer）。首先將「◇」的圖像分割成9等分，並將各區塊中含有紅色的量做成數據，輸入給輸入層（1）。在學習前，權重值是隨機的。因此，從輸入層再經過隱藏層的訊號會誤傳到代表「＋」的輸出層，因而將之判斷成「＋」的圖像（2）。

對照答案之後（監督式學習），AI發現結果有誤，它就會自行改變類神經網路中人工神經元之間的權重值。過程就像這樣經由判定圖像與比對答案，透過大量圖像來反覆進行權重值的調整，讓訊號能夠放大到會傳送至代表「◇」的輸出層，也就是將精確度提升到導向「正確答案」。最後，AI就能正確地判別圖像了（3）。

學習後的類神經網路

透過反覆地利用大量圖像來調整權重值，使人工神經元間的連結變得愈加適切。到最後，輸入「◇」的圖像時，訊號就會傳送給適切的人工神經元，而能正確地判斷為「◇」。

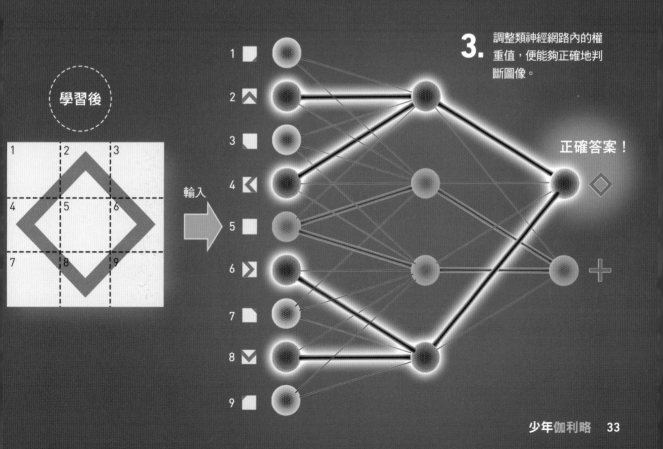

學習後

輸入

3. 調整類神經網路內的權重值，便能夠正確地判斷圖像。

正確答案！

深度學習是靠「自己」找出特徵！

AI的預測精確度大幅提升！

能發揮高性能的深度學習機制

以往的機器學習與深度學習的差異（左頁），以及透過深度學習來進行圖像識別的機制（右頁）。

在前頁的範例中，是用共三層的類神經網路來進行說明。這個情況若再變得更繁複，實際上就是由大量隱藏層堆疊而成的深度學習。

在深度學習出現以前的機器學習，都必須依靠人類指出AI應該要留意的特徵。例如在分辨鬱金香和向日葵的時候，必須先指示AI「要留意『顏色』和『花瓣形狀』」，AI再根據人類告知的特徵來學習「這種程度的紅色，加上這種形狀的花瓣，即為鬱金香」等事物。

然而藉由深度學習，就可以僅靠著灌輸大量的圖像，讓AI自己抽取圖像所包含的特徵。而且AI抽取出的特徵中，也包含了人類無法以確切詞彙來表達、或人類捕捉不到的特徵等。藉由運用深度學習，比起仰賴人類指出特徵，AI更能作出精確度要高得更多的預測。

以往的機器學習

留意「顏色」和「花瓣形狀」來辨識圖像。

人類

深度學習

需要留意的特徵：
「顏色」、「花瓣形狀」、「莖的粗細」、「花萼排列方式」、「A區與B區其形狀的關係」、「C區與D區的明亮度差異」……。

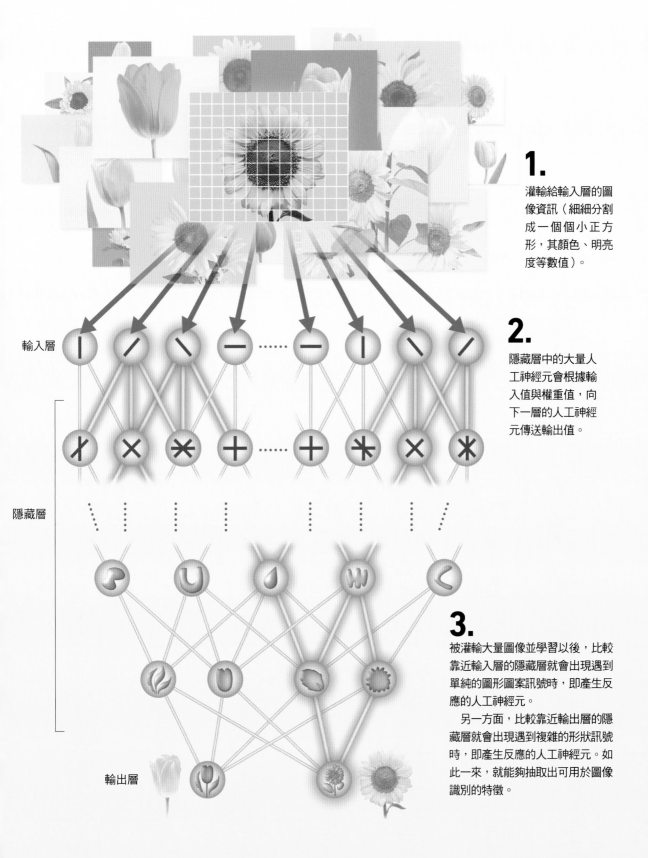

1.
灌輸給輸入層的圖像資訊（細細分割成一個個小正方形，其顏色、明亮度等數值）。

2.
隱藏層中的大量人工神經元會根據輸入值與權重值，向下一層的人工神經元傳送輸出值。

輸入層

隱藏層

3.
被灌輸大量圖像並學習以後，比較靠近輸入層的隱藏層就會出現遇到單純的圖形圖案訊號時，即產生反應的人工神經元。

　另一方面，比較靠近輸出層的隱藏層就會出現遇到複雜的形狀訊號時，即產生反應的人工神經元。如此一來，就能夠抽取出可用於圖像識別的特徵。

輸出層

耳朵長的貓咪
不是貓咪！？

深度學習有什麼樣的弱點

曾 經有一段時間，深度學習的精確度一直沒辦法提升。或許是因為層的結構太深，或是因為人工神經元的數量過於龐大等因素，導致用於對照答案的權重值無法順利地進行調整。

例如，為了要讓AI識別貓咪的圖像，那麼首先要準備大量的貓咪圖像讓AI學習。而當輸入像右頁的右側圖像那樣「耳朵特別大，長得稍微不一樣的貓咪」之數據給AI時，有時就會發生無法辨識牠是貓咪的情形。這是因為AI太過注重學習用數據中含有的貓咪耳朵特徵（大小等），導致這種具有巨大歧異特徵的貓咪無法被AI正確地辨識出來，這樣的問題稱為「過度擬合」（overfitting）。

為了避免過度擬合，有一個方法稱為「稀釋」（dropout）[※]。在AI學習的時候，先設定隨機選擇出的50％（假設）的人工神經元不作使用。藉由重複這個過程，使其不過度依賴特定的特徵，進而能夠抽取出最適合的特徵。

※編註：目前正式中文名稱未定，大多直接使用
「dropout」一詞。

透過學習用數據來
學習辨識貓咪

Q. 和學習用數據的貓咪相似的貓咪

A. 貓咪

可以辨識其為貓咪

Q. 耳朵特別大，長得不一樣的貓咪

A. ?

無法辨識其為貓咪

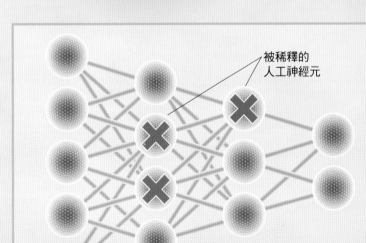

被稀釋的
人工神經元

利用「稀釋」來避免過度擬合

隨機選擇隱藏層中一定數量的人工神經元，並且在學習的過程中不使用這些數據，就是所謂的稀釋。藉由反覆稀釋或恢復人工神經元來進行學習，就能夠防止AI過於依賴特定的特徵。

圍棋軟體「AlphaGo Zero」其進化令人驚異

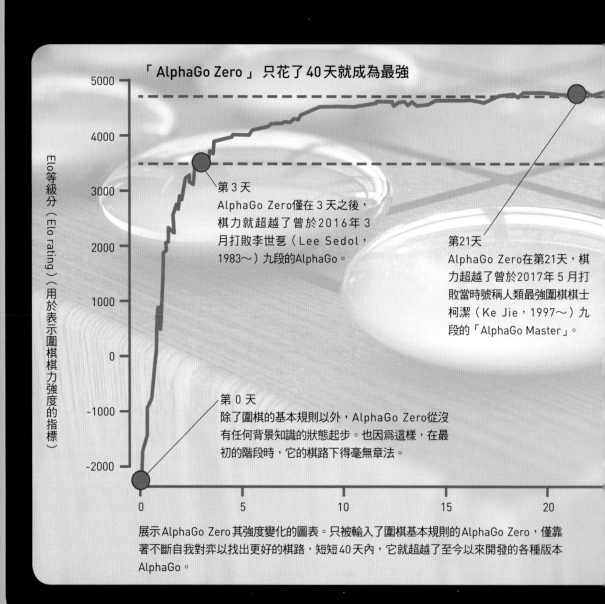

「AlphaGo Zero」只花了40天就成為最強

第 3 天
AlphaGo Zero僅在 3 天之後，棋力就超越了曾於2016年 3 月打敗李世乭（Lee Sedol，1983～）九段的AlphaGo。

第21天
AlphaGo Zero在第21天，棋力超越了曾於2017年 5 月打敗當時號稱人類最強圍棋棋士柯潔（Ke Jie，1997～）九段的「AlphaGo Master」。

第 0 天
除了圍棋的基本規則以外，AlphaGo Zero從沒有任何背景知識的狀態起步。也因爲這樣，在最初的階段時，它的棋路下得毫無章法。

縱軸：Elo等級分（Elo rating）（用於表示圍棋棋力強度的指標）

展示AlphaGo Zero其強度變化的圖表。只被輸入了圍棋基本規則的AlphaGo Zero，僅靠著不斷自我對弈以找出更好的棋路，短短40天內，它就超越了至今以來開發的各種版本AlphaGo。

第40天
AlphaGo Zero在完全沒有使用
人類對弈棋譜的狀況下，僅靠著
自我對弈便超越了所有版本的
AlphaGo。

（天）

30　　　　35　　　　40

出處：https://deepmind.com/blog/alphago-zero-learning-scratch/

圍棋軟體「AlphaGo」於2016年3月與世界頂尖棋士李世乭九段對弈，以4勝1敗的成績獲勝。由於圍棋比起西洋棋或日本將棋的套路更多、計算也更加複雜，因此過去認為AI要能夠贏過人類還需要再開發好一陣子。

然而，AlphaGo透過深度學習，反覆地學習過往職業棋士之間的對弈紀錄後，最終發展成能夠預測出頂尖職業棋士下一步棋以及最終贏家的AI。

2017年10月，製作AlphaGo的公司開發出了新的「AlphaGo Zero」。這個AI只被灌輸了圍棋的基本規則，至於過往的對弈紀錄或是正確的下棋方式等資訊都未曾告知。作為替代方法，開發者讓AI彼此對弈來執行大量的棋局，並提供「報酬」予獲勝較多的那一方。於是，AI為了獲勝，就會自行學習從試誤當中找出最佳的下棋方式。這個方法就是所謂的「強化學習」（reinforcement learning）。

開發者表示，AlphaGo Zero靠著積極使用強化學習，在短短40天內，棋力就超越了任何一個版本的AlphaGo。證明了AI終於能夠在不使用過往數據資料的情況下變得強大。

利用AI來協助
設計新幹線
重要的部分是AI設計的！

接 下來要介紹AI在實際社會中大顯身手的具體事例。

像新幹線這種高速移動的交通工具，在設計時必須考量該如何盡可能地減少巨大空氣阻力以及震波等干擾的發生。此時就需要進行龐大的計算，所以該如何有效率地活用AI就顯得十分重要。

AI在尋找比現有作法更好的設計時，就像是「試圖在三更半夜登上名為性能的這座山頂」一樣。換作是人

人類的開發示意圖

人類在某種程度上，有能力預想如何將現有作法改成更好的設計。這就像是在明亮而能夠清楚瞭望四周的白天，並且擁有看得到通往山頂路線的視野，一邊嘗試錯誤一邊前進。

至今為止的開發示意圖

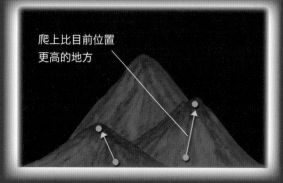

爬上比目前位置更高的地方

AI並未理解全貌。它只會從目前所在位置一步一步地往更高的地方前進，但是即便還有另一座山頂比原先目標更高的山，AI也不會繼續往那邊前進。

使用基因演算法的開發示意圖

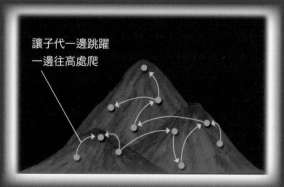

讓子代一邊跳躍一邊往高處爬

基因演算法會在周圍生出許多子代，使其進行跳躍並互相回報所在高度，再由跳到較高位置的子代讓後代繼續跳躍，邁向攻頂之路。

類的話，則是能夠在有限的資訊之中，一邊往既定方向前進、一邊進行開發。這就好像是在明亮的白天，一邊清楚看著山頂位置並一邊向上攀爬。話雖如此，人類卻沒有如AI那樣強大的計算能力。

另一方面，由於AI並未掌握事物的全貌，所以只能逐步地改善現有的性能。就像是在三更半夜「躡手躡腳地」一步一步從目前所在位置往上攻頂一樣。如果是用這樣的方法，最後的確可以抵達那座山的山頂，但是卻沒有辦法抵達附近山頂更高的山。

能夠避免以上狀況的方法，就是所謂的「基因演算法」（genetic algorithm）。運用這個方法的AI會在周圍製造出大量「子代」，並讓它們進行「跳躍」。然後，只有成功跳到性能較高位置的後代會繼續保留下來。藉此，就能提高攻上正確山頂的可能性。

新幹線「N700系」

下圖是分別於1999年啟用的新幹線「700系」，以及於2007年啟用的新幹線「N700系」的車頭附近。高速行駛的新幹線車頭，除了要能減少行駛時產生的空氣阻力之外，也要能夠抑制進入隧道時產生的震波。而運用基因演算法所獲得的結果發現，把車鼻設計得比較圓潤時，就能在提升最高速度的同時降低震波，N700系車頭車廂的獨特形狀於是就此誕生。

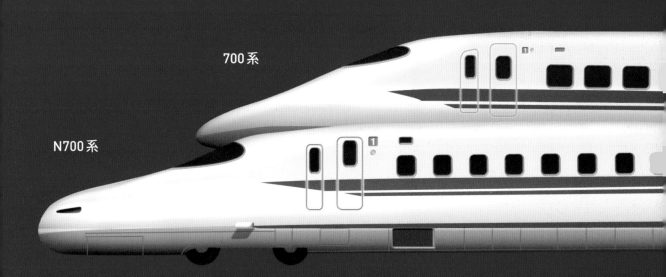

700系

N700系

自動翻譯也能靠AI變得更自然通順

不是學習文法，而是學習大量的翻譯模式

2016年11月時，Google的免費自動翻譯功能啟用了深度學習，讓翻譯品質因而大為提升，一時之間蔚為話題。

以中翻英為例，人類在翻譯的時候，會先將單字從中文轉換成英文（我→I），再依照英文語序去排列詞彙，這是利用在學校等地方學習到的單字以及文法知識來進行翻譯。

另一方面，使用深度學習的自動翻譯，並不是根據文法知識產出譯文。

用數字組合來表達單字的意思

在分析了大量文本後，便能夠得到某個單字和哪個單字是否很常被一起使用的資訊（出現頻率）。語言有個特性，凡是意思相近的單字它們的用法往往也會十分相似，因此其出現頻率也就能夠用來表達單字的意思。自動翻譯便是根據這些資訊，用出現頻率的數值組合來表達各個單字，進行翻譯的「計算」。

利用出現頻率的數值組合，把各個單字配置到座標空間上的話，具有類似意思的單字就會聚集在彼此附近。

利用數值的組合來配置單字的空間（實際上是多次元空間）

紅酒　啤酒　日本酒

意思相似的單字群組

電車　機車　汽車　書本　字典　信件

使用了深度學習的自動翻譯，是從大量的譯文中學習規則性，即透過「當出現這種排列順序的中文（或其他非英文的語言）單字組合時，大多會被翻譯成這樣的英文單字組合」的方式來進行翻譯。也就是說，AI並不是靠字典及文法知識，而是根據人類的譯文數據來學習譯詞的選擇以及正確的語序。

※編註：該句意思是「我喜歡這本書」。由於中文結構更為複雜，在自動翻譯發展進程上亦較為緩慢，故以日翻英作為本單元範例。

翻譯前的文本

私	は	この	本	が	好き	です ※
0.8	1.6	0.5	0.3	0.1	1.0	0.8
0.2	0.1	0.8	0.3	0.1	1.2	0.7
1.1	0.3	0.5	1.0	0.4	0.6	0.9
·	·	·	·	·	·	·
·	·	·	·	·	·	·
·	·	·	·	·	·	·
·	·	·	·	·	·	·
·	·	·	·	·	·	·
1.3	0.7	0.2	1.1	1.0	0.3	1.2

對應日文各單字的數字組合

翻譯過程就是在計算數值

先將翻譯前的文本轉換成數值數據（數字組合）。假設要轉換成英文，那就要針對該數值數據進行相關計算。這個翻譯程式運用了深度學習的技術，把計算得到之對應英文的數值組合，再轉換成英文單字，就完成翻譯了。

透過不斷地學習，計算方法以及表達單字之數字組合的值就會隨之調整，讓翻譯變得更加自然通順。

把日文轉換成英文的程式

從頭開始按照逐個單字的順序，輸出翻譯結果（對應英文單字的數字組合）

對應英文各單字的數字組合

翻譯後的文本

0.662	0.854	0.234	· · · · ·	0.955	I
0.397	0.114	0.614	· · · · ·	0.221	like
0.802	0.762	0.801	· · · · ·	0.118	this
0.384	0.117	0.958	· · · · ·	0.521	book

不會漏看
癌細胞的AI！

用照片學習癌細胞組織
的特徵，進而能夠辨識

目前的AI最擅長的領域之一是影像分析（image analysis）。日本產業技術綜合研究所的村川正宏博士的研究團隊，正在進行讓AI來執行診斷工作（病理診斷）的研究，其內容是在顯微鏡下觀察從患者身上採集的組織樣本中有無癌細胞。村川博士表示：「由於癌細胞的型態變化豐富，因此很難用語言來定義其特徵。進行診斷的病理科醫師除了看過許多癌細胞之外，也看過非常多正常的細胞，所以在看到異常型態的癌細胞時仍可以用直覺發現它們。同理，如果讓AI也去大量學習細胞的『正常型態』，那麼AI就會獲得發現異常癌細胞的能力。」

在日本，高齡化使得癌症患者持續增加，據說組織樣本的診斷數已經增加到一年有將近3000萬件，但是日本全國的病理科醫師卻只有大約2400人。目前的預想是由AI擔任輔助角色，而最終診斷則由人類（醫師）來進行。

把細胞特徵數值化

首先，利用大量顯示正常細胞的樣本圖像，讓AI自行把圖像中的顏色、形狀等特徵數值化。然後根據這些「特徵量」，把各個圖像配置在多次元空間裡，正常細胞的圖像就會聚集在彼此附近。（圖中是把特徵量設為 3 項並以三次元空間來表現，不過實際上AI會使用超過300項特徵量。）

接著，AI會將正常細胞的圖像與含有癌細胞的圖像特徵進行數值化，並嘗試配置於同一個空間裡。此時，含有癌細胞的圖像就會配置到離正常細胞群組較遠的位置，這個位置即會顯示出細胞的異常程度，也就是屬於癌細胞的可能性。

運用了深度學習的AI要進行病理診斷的話，需要數千、數萬筆標有正確答案的數據。就現況而言，要準備大量經過醫師診斷的正確答案數據實屬困難，也因此還會使用各種方式加以輔助，像是利用非病理圖像的圖像進行事先學習，以及併用其他圖像辨識的方法等。

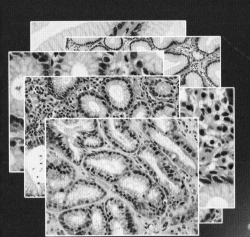

特徵量3

由正常細胞構成
的組織圖像
（學習用數據）

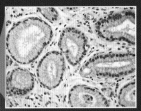

由正常細胞構成的組織圖像
（診斷用數據）

表示細胞的形狀、
顏色以及排列方式
等特徵的空間（特
徵空間）

特徵量1

特徵量2

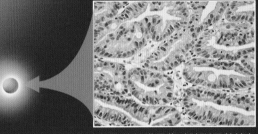

含有癌細胞的組織圖像（診斷用數據）

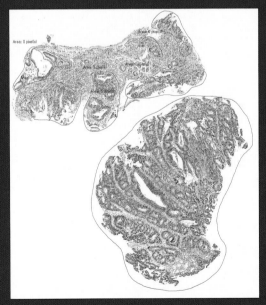

病理科醫師的診斷
（以紅線圈出的部分很有可能含有癌細胞）

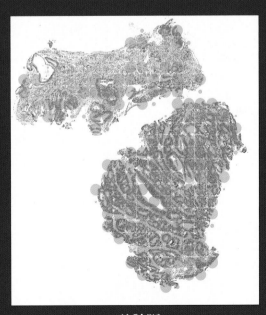

AI的診斷
（綠色圓形色塊涵蓋的部分很有可能含有癌細胞）

製作偽造影片的AI與
識破偽造影片的AI

能夠對抗詐騙AI的AI技術
愈加重要

右 邊的6張人物圖像其實全都是由AI製作而成，並非實際存在的人物圖像。利用「生成對抗網路」（GAN，Generative Adversarial Network）這個方法，讓製作偽造圖像的AI與能夠識破偽造圖像的AI互相競爭，就可以製作出更為真實的偽造圖像。

另外，利用名為「深偽技術」（deepfake）的方法，甚至可以把其他人的臉套入至拍攝另一個人物的影片，從而製作出該人物的偽造影片。

另一方面，目前也在開發能夠識破這些巧妙偽造影片的AI。日本國立情報學研究所（NII，National Institute of Informatics）在2017年時運用稱為「卷積類神經網路」（CNN，Convolutional Neural Network）的方法，開發出能夠自行找到只會在偽造影片中出現的特徵，並且能以99%的精確度辨識影片是否為真的AI。能夠識破利用AI來「說謊」的AI技術，想必今後會變得愈加重要。

由AI製成的非實際存在的人物圖像

這是ACworks公司運用了深度學習技術「GAN」製作而成的「AI人物素材（β版）」圖像。雖然這6張照片看起來好像是真的，但全部都是由AI製成的非實際存在的人物圖像。

深偽技術的簡單機制

假設想要製作某位女性名人的偽造影片，首先要使用該女性的大量臉部照片（5000～1萬張），讓AI找出該女性的臉部特徵。接下來，讓別的AI利用這些臉部特徵，重現出該女性的臉（1）。

　　在製作偽造影片的時候，把掌握臉部特徵的AI與重現該女性的臉的AI連結起來，再給予拍攝其他人物的影片數據（2）。如此一來，就能製作出原始影片中只有臉的部分被置換成該女性名人的臉之偽造影片。

1. 學習女性名人的臉並重現

女性名人的大量臉部照片

掌握臉部特徵的AI

女性臉部的特徵

利用臉部特徵重現女性的臉的AI

重現出來的女性的臉

2. 利用深偽技術，將別人的臉變成女性名人的臉

別人的原始影片

掌握臉部特徵的AI

利用臉部特徵重現女性的臉的AI

只有臉部被置換成女性名人的偽造影片。臉部會配合原始影片同步動作。

AI對研發新藥物作出貢獻！

由AI來建議似乎可作為藥物使用的物質！

在研發新藥物的「製藥」現場，需要從無數化合物當中，一個不漏地找出對特定疾病有治療效果的物質。然而，使用這種方法的話，即便只研發一款藥物也得要花費非常多的時間。為此，目前正在開發利用AI來更有效率地找出藥物的方法。

能夠作為藥物使用的化合物，一般是指能夠和造成疾病的蛋白質結合，進而改變其運作的物質。據說，由日本京都大學奧野恭史博士發明的AI能夠藉由輸入標的蛋白質，來預測可以與之結合的化合物。

這個AI是利用過往的實驗數據，將蛋白質與化合物的「結合組合」與「不會結合組合」共計大約12萬組資料，逐一透過深度學習來習得。只要輸入引發疾病（想治療的目標）的蛋白質，AI就會針對能夠與之結合的化合物構造提出建議，即使那並非現存的化合物也一樣。

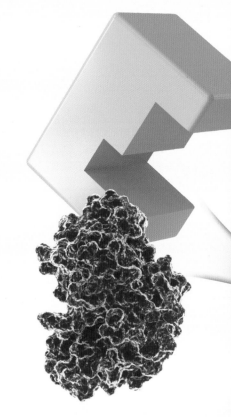

造成細胞癌化的蛋白質「CDK2」
（假設為球狀時的直徑：約 4 奈米）

提出候補藥物建議的AI

此為利用AI來找出候補藥物的示意圖。為了製造能夠抑制和細胞癌化有關的蛋白質「CDK 2」作用的藥物，首先要將CDK 2的資訊輸入給AI。然後，AI根據目前為止所學習的資料，建議使用名為「2-苯胺-5 芳基噁唑42」的化合物。這款AI已經開始在製藥公司實驗性地引進，據說在 2～3 年後很有可能會使用在製藥現場。

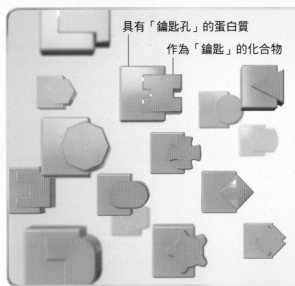

具有「鑰匙孔」的蛋白質

作為「鑰匙」的化合物

讓AI大量學習蛋白質與化合物的結合模式

蛋白質與化合物就像是「鑰匙」與「鑰匙孔」的關係，而哪種化合物具有「鑰匙」可以剛好嵌入標的蛋白質的「鑰匙孔」，就會成為候補藥物。奧野博士開發出來的AI「相互作用機器學習法」（CGBVS，Chemical Genomics Based Virtual Screening）是透過深度學習，來找出蛋白質與化合物之間有什麼樣易於結合的構造，所以只要輸入標的蛋白質，AI就會針對能夠與該蛋白質結合的化合物提出建議。另外，從輸入蛋白質到AI找出可作為藥物候補的化合物，只需要幾個小時就能達成。

輸入至AI

會建議似乎可作為藥物的化合物的AI

從AI輸出

由AI建議的藥物候補化合物「2-苯胺-5芳基噁唑42」（長度：約0.5～1奈米）

駕駛汽車的工作
也能夠交給AI

年年都在進化的自動駕駛技術

自動駕駛的技術年年都在進化。自動駕駛汽車的「自動」等級分為 0 到 5，共 6 個階段，而目前市面上販售的自動駕駛汽車，具有操作方向盤與支援加速與減速功能的 level 2，就是最高的等級了。日本在 2020 年，為配合未來販售國產自動駕駛汽車的前景，針對能夠自動達成所有操作的 level 3 進行了相關法規的調整與制定。當自動駕駛等級達到 level 3，駕駛人必須坐在駕駛座上，

GPS衛星

住家

1　2　3

在緊急情況發生時進行操作。

　　達到 level 4 時，只有在特定場所才可以不需要駕駛人，而 level 5 則是不論在哪種情況下都不需要駕駛人。為了早日達到 level 5，自動駕駛汽車的研發風氣至今依然十分興盛。

　　要駕駛汽車的話，需要能「辨識」周圍的狀況，「判斷」需要作出什麼樣的應對，進行實際的「操作」。假設眼前有個小孩衝了出來，那麼以自動駕駛的狀況而言，AI 會先用鏡頭或

雷達辨識出小孩，然後判斷出必須要踩煞車，再實際執行煞車操作。

　　我們可以期待，只需要告知目的地就能完成所有駕駛操作的完全自動駕駛，未來終有實現的一天。

靠自動駕駛抵達目的地

利用自動駕駛從住家前往附近海水浴場出遊的過程示意圖。將交通事故的資訊納入考量後，決定通往目的地的路線（1）。一邊偵測道路白線、一邊自動操作方向盤（2），同時也會偵測前車及對向車的狀況，進行煞車等功能的操作（3）。經過學校區域時會減速（4），在十字路口時注意周遭車輛和行人，以及在視線死角的機車等（5）。抵達目的地後，也能自動停車（6）。

因交通事故塞車中

「大數據」與 「AI」超合拍

找出埋藏在數據裡的 「特徵」

近年來，「大數據」（big data）這個詞變得耳熟能詳。所謂大數據，就是資料量龐大、種類多樣，又會隨時更新且持續累積的數據集合。

網路上的文章與圖像、個人的定位資料與乘車紀錄、電子郵件與檔案、網頁的瀏覽紀錄等，每天都持續累積了形形色色的大數據。而大數據的累積，與各種事物連接網路的機制「物聯網」（IoT，Internet of Things）的發展息息相關，今後也將持續地進展

下去。

　大數據中埋藏著很有價值的資訊。例如，如果能夠將容易購買某特定商品的消費者特徵抽取出來，就有助於增加銷量，這樣的數據分析正是AI的看家本領。利用AI來活用大數據，今後將會變得愈加重要。

以AI來分析大數據

運用AI來分析形形色色、日積月累的大數據，就能挖掘出埋藏在其中的有價值資訊。

利用AI甚至可以
發現行星

2017年，NASA（美國國家航空暨太空總署）與Google藉由讓AI分析克卜勒太空望遠鏡觀測到的數據，在太陽系外發現了新的行星「Kepler-90i」。這是有史以來第一次藉由活用AI而成功發現了行星。

這一顆行星是運用名為「凌日法」（transit method）的方法發現的。當行星從恆星與地球之間橫越時，從恆星抵達地球的光就會稍微變暗。將亮度下降的現象作為觀測訊號（signal）進行分析，就能夠發現行星。由於這些訊號當中也包含雜訊，因此必須再由天文學家來辨識訊號是否為真。話雖如此，由於訊號微弱的數據受到雜訊的影響很大，所以一直以來的分析對象並未包含這些資料。

於是，就有人想到可以活用AI來進行辨識。首先，從使用深度學習分析完畢的訊號之中，把真實訊號所擁有的特徵抽取出來，讓AI學到能夠以高準確率去辨別訊號的真假為止。之後再讓AI分析訊號微弱的數據，結果發現共有9個可能是系外行星的候補選項。交由天文學家進一步分析後，發現其中有2個的確是代表行星存在的訊號，分別是Kepler-90i，以及環繞另一顆恆星公轉的Kepler-80g。期待未來藉由活用AI，可以發現更多系外行星。

Kepler-90 行星系

註：雖然行星大小是按比例尺繪製，但行星與恆星之間的距離則否。

Kepler-90i

b　c　d　e　f　g　h

Kepler-90

太陽系

水星　金星　地球　火星　木星　土星　天王星　海王星

太陽

Kepler-90行星系的想像圖

和太陽系一樣都有 8 個行星的Kepler-90行星系想像圖（上圖）與太陽系（下圖）。Kepler-90距離地球2545光年，是位於天龍座方向上的恆星。在此之前已發現該恆星有 7 個行星，並以恆星的名字後面加上b～h來標示。因此，透過AI發現的新行星就被命名為「Kepler-90i」。

在運動界也
大顯身手的AI

AI 也漸漸被引進運動領域中。像是從足球比賽的影片中，分析球員球技以及球隊戰術的工具「PitchBrain」。

　　PitchBrain會透過從足球比賽上方空拍的影像來獲得各球員的位置數據，並據此判斷雙方隊伍的比賽狀況。舉例來說，以右頁插圖的狀況來看，PitchBrain判斷進攻方的紅隊實行「換邊攻擊（改變進攻敵方球門的方向）」的機率是96.3%。

　　PitchBrain會運用數十種攻守模式，來判斷球隊在每個瞬間的賽況。

　　過去，往往需要安排好幾位球隊的工作人員，花費好幾個小時觀看過去的比賽影片，才能夠想出下一次比賽的策略與戰術。使用PitchBrain的話，就能夠特別挑選出想要參考之賽況發生的瞬間，有效率地進行分析。目前PitchBrain以引進日本國內外的職業足球隊為目標，正在積極驗證其實用性。

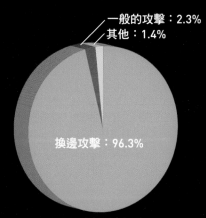

一般的攻擊：2.3%
其他：1.4%
換邊攻擊：96.3%

判斷的紅隊賽況

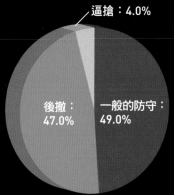

逼搶：4.0%
後撤：47.0%
一般的防守：49.0%

判斷的藍隊賽況

後撤（retreat）：防守時，全隊往我方球門移動，是整理隊形的技巧
逼搶（pressing）：敵隊球員持球時，動用多位球員搶球的技巧

判斷賽況的PitchBrain

由Sports Technology Lab公司（STL）與Preferred Networks公司（PFN）共同開發的PitchBrain取得比賽影片後，就會根據球員與球的位置等，來判斷兩隊當時正在進行什麼動作。

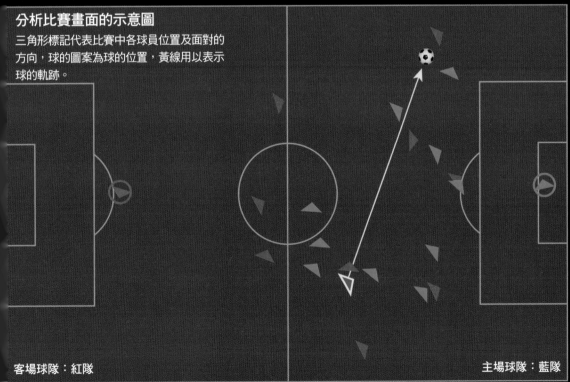

分析比賽畫面的示意圖

三角形標記代表比賽中各球員位置及面對的方向，球的圖案為球的位置，黃線用以表示球的軌跡。

客場球隊：紅隊

主場球隊：藍隊

提供：Preferred Networks

未來AI將會如何獲得能力呢？

總有一天也會獲得知識與常識

未來，AI又會在什麼時候、獲得什麼樣的能力呢？下圖描繪了對AI未來的預測。

AI辨認圖像事物的能力，已經達到了不輸給人類的精確度（能力1）。接下來，AI會獲得的能力是「利用複數的知覺數據來掌握特徵」（能力2）。除了視覺數據，也會使用像是溫度、聲音等的複數知覺數據，藉此建立概念。

能力1. 能正確辨認圖像

能力3. 獲得與動作相關

2020年

能力2. 利用複數知覺數據來掌握特徵

再來是「獲得與動作相關的概念」（能力3）。如此一來，機器人在現實世界中累積各式各樣的經驗以後，就開始能夠「透過行動獲得抽象的概念」（能力4）。

在更遙遠的未來，就是「理解語言」的能力了（能力5）。在有能力理解語言之後，AI就可以從網路上的資訊等處來「獲得知識與常識」了（能力6）。

的概念

能力5. 理解語言

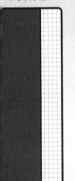

2030 年

能力4. 透過行動獲得抽象的概念

能力6. 獲得知識與常識

AI無法「思考得宜」

AI很難擁有跟人類一樣的常識

AI並不知道考慮事情要適可而止

美國哲學家丹尼特（Daniel Clement Dennett，1942～）用思考實驗展示的框架問題範例。1號機會連同定時炸彈把電池拿回來進而導致爆炸，2號機會站在電池前無止盡地顧慮「附加要素」而停止動作，3號機則會站在洞窟前持續分辨「和指示相關與否的事情」而停止動作。若無法解決這樣的框架問題，或許AI就無法擁有與人類同等的智能。

儘管AI已經慢慢代替人類處理一部分的工作，可是要作為擁有與人類同等智能的「萬能機器」，以現狀而言還太早了。

AI具有的弱點之一是「框架問題」（frame problem）。所謂的框架問題，是指AI只有在設定好的框架（frame）中才能妥善地處理指令。

舉例來說，假設我們把搭載了AI的機器人送進洞窟，要它取回裝有定時炸彈的電池。首先，試著指示1號機「把電池拿回來」。然後AI就會連同定時炸彈把電池拿回來，結果炸彈就發生爆炸。接著再對2號機追加指令「採取任何行動之前，要先考量會因此而造成的影響（附加要素）」。結果，AI就在電池前站著不動了。然後我們若再對3號機指示「先區分和指示有關的事情，以及和指示無關的事情，再採取行動」。結果，AI在進入洞窟前就站著不動了。它開始分辨空氣的成分、石壁的顏色、太陽的位置……因為周遭有無數和指令無關的事物，分辨下去將沒完沒了。

因為AI無法像人類一樣「思考得宜」，所以遇到沒有框架或規則可循的問題時，就會無限地持續進行思考。

1.

連同炸彈拿回電池的1號機

2.

站在電池前
停止動作的
2號機

把電池拿起來的話，天花板會不會掉下來？

移動電池的話，炸彈會不會爆炸？

碰到炸彈的話，電池會不會壞掉？

把炸彈放在地板上的話，會不會造成牆壁崩塌？

再往前踏出一步的話，牆壁的顏色會不會改變？

倒數剩 1 分鐘的時候，炸彈會不會移動？

如果踏上前面的地板，地板會不會陷落？

……

3.

站在洞窟前
停止動作的
3號機

AI並不理解詞彙的「真正含義」

目前的AI還無法像人類一樣獲得「概念」

試著以告訴還不認識斑馬的小孩子與AI「斑馬是有條紋的馬」的情境來思考看看吧。

以小孩子的狀況來說，若靠著至今為止的經驗知道「馬」和「條紋」的含義（意即在已獲得概念的情況下），應該就可以想像得出來有條紋的馬會是什麼樣的動物。之後在動物園看到活生生的斑馬時，便能夠想到「這個是否就是之前說的斑馬呢」。

那麼，AI的狀況又會是如何呢？由

當告訴小孩子與AI「斑馬就是有條紋的馬」時，兩者的「理解」示意圖。

參考：《人工知能は人間を超えるか》松尾 豐（角川EPUB選書）

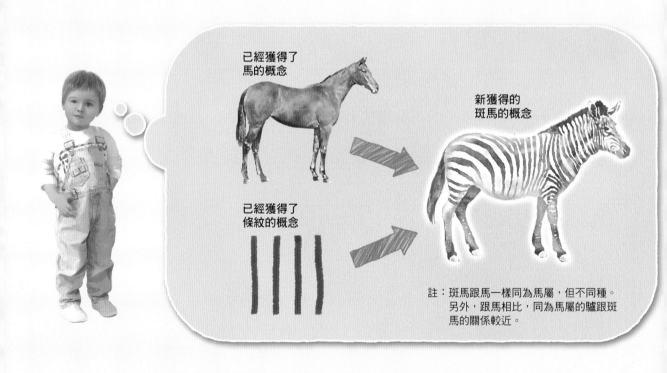

已經獲得了馬的概念

新獲得的斑馬的概念

已經獲得了條紋的概念

註：斑馬跟馬一樣同為馬屬，但不同種。另外，跟馬相比，同為馬屬的驢跟斑馬的關係較近。

於現在的AI還只是電腦上的程式，所以尚未實際看到馬身上亮澤的毛色以及堅實的肌肉時，AI只能藉由電腦上的符號（字元串）來認知「馬」及「條紋」這些單字。

在這種狀況下，即便跟AI說明「斑馬就是有條紋的馬」，使其把兩個符號結合起來，也只會產生另一個新的符號。也就是說，AI無法像人類一樣理解「斑馬」在我們生活的真實世界裡的真正模樣。這就是AI具有的另一個弱點「符號接地問題」（symbol grounding problem）。

為了讓AI擁有與人類同等的智能，符號接地問題是必須解決的課題之一。有研究人員認為，為了將AI從「符號的世界」中拉出來，就必須讓AI具備與人類差不多大的身體，賦予類似人類耳目等的感應器，像人類一樣去體驗真實世界才行。

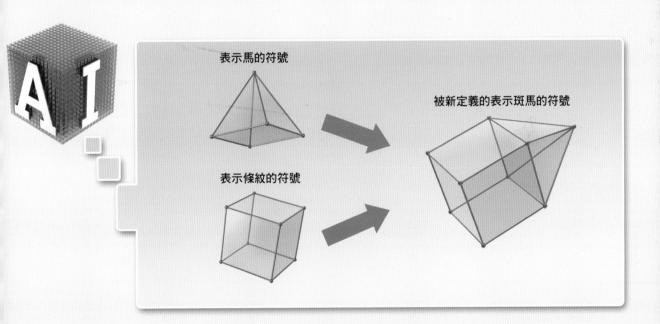

表示馬的符號

表示條紋的符號

被新定義的表示斑馬的符號

「什麼都學的AI」
其模擬範本仍是人腦
追求更泛用的AI

儘管近年來開發AI的進展非常驚人，目前的AI仍有其極限。也就是，即使能在特定領域發揮強大的能力，基本上卻無法應用到該領域以外的地方（沒有通用性）。

日本非營利組織全腦架構創新機構（WBAI，The Whole Brain Architecture Initiative）山川宏博士等人進行的「全腦結構」計畫，正在研究如何打造模擬人類整個大腦構造的次世代AI。

藉由模擬整個大腦構造，說不定能讓AI學會執行各種領域的工作（擁有通用的能力），而不再侷限於單個專門的領域。

通用型AI的模擬範本 ——
人腦構造與分工體制

人類的大腦分成數個部位，神經元間的連結方式以及學習方法各不相同，而且擁有相異的功能。透過將這些部位統合起來運作，就能發揮情感、記憶及控制身體等各式各樣的功能。

右圖顯示全腦結構計畫試圖重現的數個大腦部位，以及這些部位主要負責的功能。

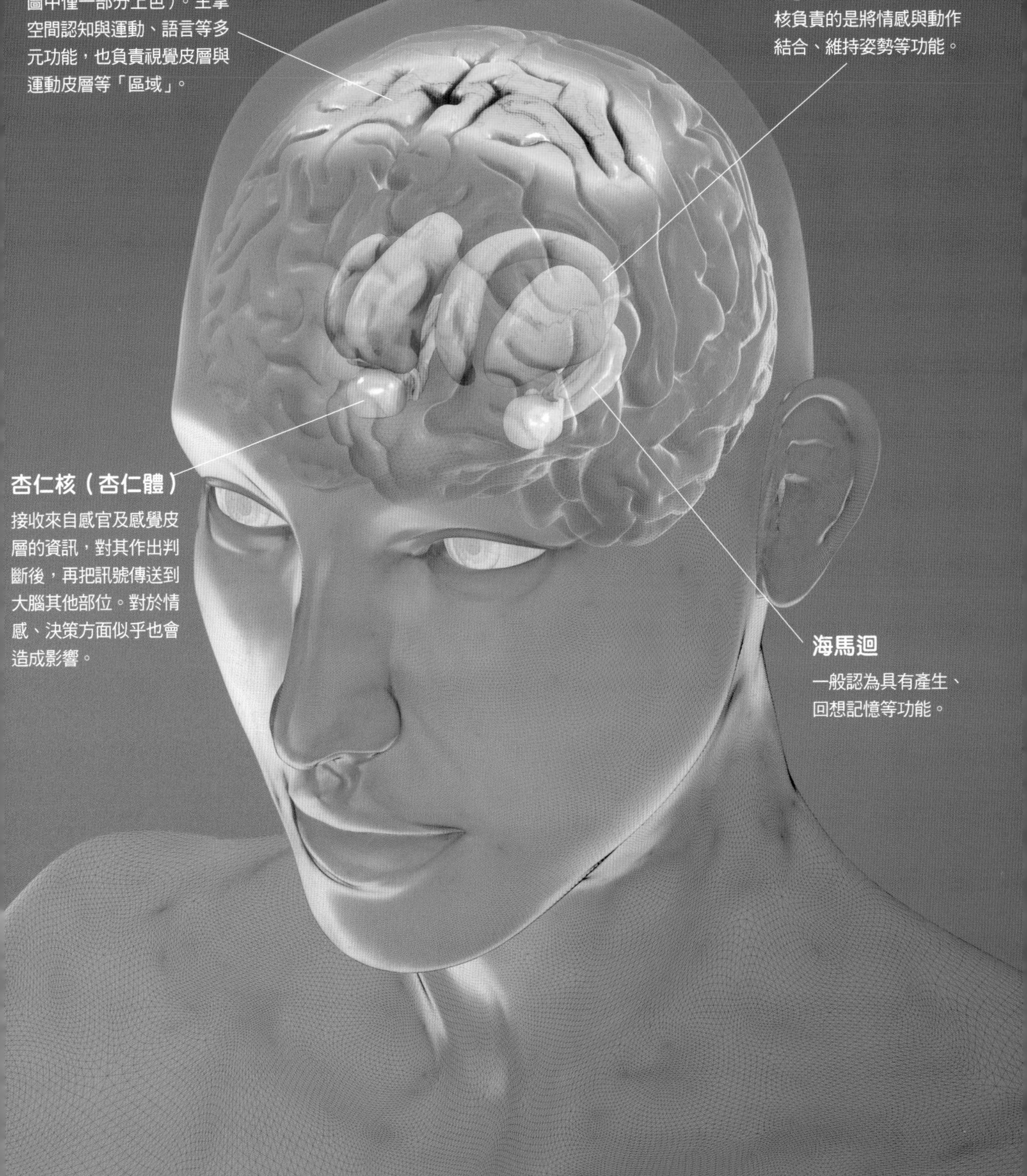

大腦新皮質

廣覆於大腦表面的部位（插圖中僅一部分上色）。主掌空間認知與運動、語言等多元功能，也負責視覺皮層與運動皮層等「區域」。

基底核

位於大腦中心一帶的「原始」腦。一般認為，基底核負責的是將情感與動作結合、維持姿勢等功能。

杏仁核（杏仁體）

接收來自感官及感覺皮層的資訊，對其作出判斷後，再把訊號傳送到大腦其他部位。對於情感、決策方面似乎也會造成影響。

海馬迴

一般認為具有產生、回想記憶等功能。

能臨機應變地自行改變設計的AI是什麼

將相當於大腦各部位的「模組」組合起來

使用了深度學習等類神經網路的「模組」(module)是一種程式組成單位,近年的AI即是由數個模組組合而成的。

山川博士表示:「實務上,人類是為了解決特定問題而組合模組、設計AI。也就是說,AI被設計成只能解決該特定問題。相對於此,全腦結構計畫的目標則是『通用型AI』,我們試圖讓AI模擬人類大腦平常的運作,依照需求自行組合複數模組並藉此發揮想像力。」當AI具備臨機應變地改變自身設計(程式)的能力,就能夠靈活地解決各式各樣的問題。山川博士認為大腦型的通用型AI或許可以在2030年左右完成。

我們可以期待,擁有處理未知狀況能力的通用型AI,將能應用在需要高度自主行動的「救難機器人」及「行星探測器」等機械上。

重現整個大腦的AI

就像是人類的大腦一樣,通用型AI會將負責特定功能的「模組」依狀況而連結組合,藉此解決各種問題,而全腦結構計畫的目標正是要打造出這樣的AI。

目前,與認知及運動直接相關的大腦新皮質的區域、控制運動實行的基底核與小腦等,與這些部位相應的模組開發較有進展;而相當於海馬迴功能的模組、統合這些模組的技術開發則較為緩慢。

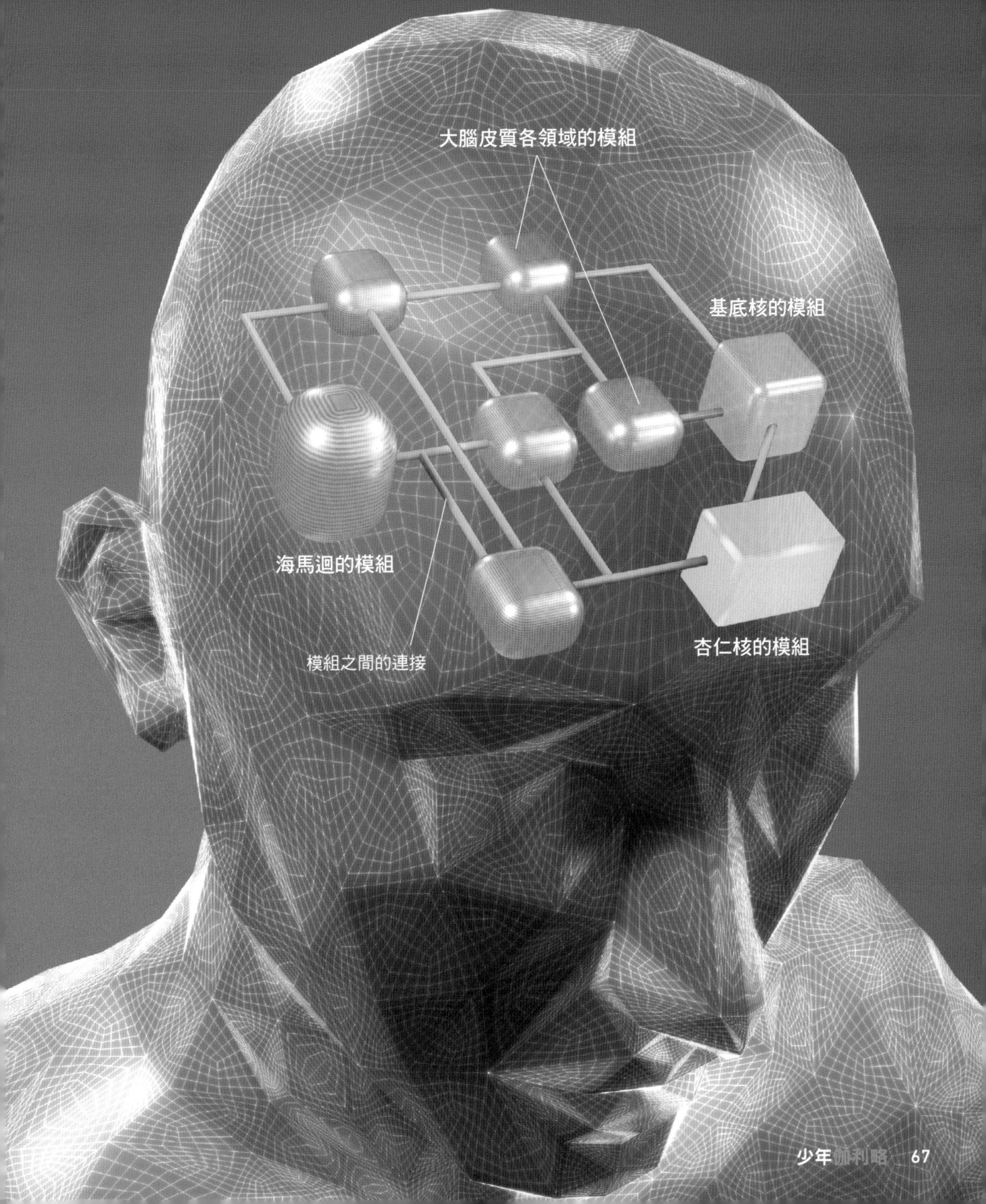

大腦皮質各領域的模組

基底核的模組

海馬迴的模組

模組之間的連接

杏仁核的模組

「科技奇點」是否會到來？

重要的是，我們要如何使用AI

在 AI持續發展的前方，等待著我們的會是怎樣的未來呢？

在各式各樣的未來預測之中，經常被提及的就是「科技奇點」（technological singularity）。所謂的科技奇點，是指AI開始有能力做出比自己更聰明的AI的時間點，或是在前述的狀況下，急速進化的AI引發了無法預期的社會變遷。

然而，若要讓AI製造更聰明的AI，就必須要出現異於深度學習的重大突破（飛躍性的技術進步），而AI研究人員普遍認為在接下來的數十年內，應該還無法研發出那樣的技術。此外，以目前的技術發展而言，AI擁有自我意識並自主行動仍是天方夜譚，更不用說科幻電影中「人類被AI統治」的未來有多麼不現實了。

另一方面，大多數研究人員都認同總有一天AI會超越人類的智能。終究，我們可以說未來是由使用AI的人類來決定的。

AI能將人類從勞動中解放嗎？

AI進化的優點與缺點

AI 進化帶來最大的優點莫過於「幫助人類的工作以及勞動」。隨著搭載AI的機器人問世，人類在駕駛、家事以及看護等方面的勞動負擔將得以減輕。

同時，未來的AI也被寄予厚望，期待能用來替人類找出長年以來懸而未解的科學難題的答案。例如，或許可以開發出目前還找不到根治方法之疾病的特效藥。亦有人指出AI也許有為我們解決物理學的長年課題：

用AI來解決勞動力不足

自動駕駛汽車以及協助家事、照護等的機器人能夠彌補缺乏的勞動力。機器不需要睡眠，也不會因為疲憊導致注意力下降而引發事故。作為比人類更有效率的優秀勞動力，AI的表現令人期待。

自動駕駛貨車

獲得科學難題的解答？

在醫療領域方面，AI被指望能夠開發出癌症以及阿茲海默症等的治療藥物。

而在物理學領域方面，AI說不定能將描述宇宙規模現象的「廣義相對論」與描述微觀世界中基本粒子運動的「量子力學」統合起來，獲得「萬有理論」。

癌細胞

抗癌藥物

銀河

THE THEORY OF EVERYTHING

基本粒子

統合廣義相對論（general theory of relativity）與量子力學（quantum mechanics），獲得「萬有理論」（theory of everything）的可能性。

另一方面，AI為人類帶來的影響不盡然都是好的。例如，假設要利用高度發展的AI來生產迴紋針。AI為了要有效率地生產迴紋針，有可能在保護自己之餘，開始使用全世界的所有資源來生產迴紋針，即使會威脅到人類生存，它依舊要執行到底。即便是看似無害的設定，一旦沒有適當的限制，AI就有可能變成威脅。

此外，「第一個開發出AI的開發者將『獨得』全世界的財富」這點也令人擔憂。因為當能夠以猛烈速度自我進化的AI出現後，隨著第一個出現的AI不斷提升性能，之後出現的第二個AI可能永遠都無法超越。到頭來，可能只有創造第一個AI的開發者將獨占以經濟利益為首的諸多優勢。

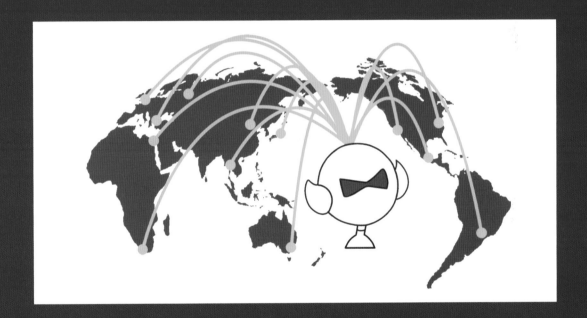

第一個出現的AI會稱霸世界？

如果能夠自我改良的通用型AI出現，那麼以猛烈速度進化的AI就有可能得以戰勝其他所有的電腦系統，從而獨占許多利益。

另一方面，也有人指出可能不會是單一AI的獨占勝利，而是由複數AI達到均衡狀態的情況。日本理化學研究所的中川博士表示：「用於軍事以及經濟交易上的AI基本上不會公諸於世。要戰勝底細不明的對手，對AI而言也不容易，因此亦有可能演變成由複數AI相互牽制的狀態。」

會被AI取代的工作、不會被AI取代的工作

取代機率最高與最低的工作TOP30

人類的工作是否會被AI取代，一直是個大家熱烈討論的話題。特別是在第三次AI熱潮發生後的2013年，英國牛津大學的弗雷博士（Carl Benedikt Frey）等人發表了一篇論文，獲得高度迴響。在該論文中，弗雷博士以自創的指標針對702種工作，推測了未來10至20年之間可能會被AI取代的機率。下方分別列出了

會被AI取代的工作TOP30

第1名	電話行銷人員
第2名	房地產登記的審查／調查人員
第3名	手工裁縫師
第4名	電腦數據收集／加工人員
第5名	保險業者
第6位	鐘錶維修人員
第7名	貨物處理人員
第8名	報稅代理人員
第9名	底片沖洗人員
第10名	銀行開戶人員
第11名	圖書館管理的輔助人員
第12名	數據輸入人員
第13名	鐘錶組裝與調整人員
第14名	保險理賠／保險代理人員
第15名	證券公司一般內勤人員

第16名	訂單處理人員
第17名	貸款人員
第18名	汽車保險鑑定人員
第19名	運動賽事裁判
第20名	銀行窗口人員
第21名	金屬及木材等的腐蝕加工／雕刻業者
第22名	包裝機／填充機操作人員
第23名	採購人員（下單助理）
第24名	貨物寄送／收取人員
第25名	切割加工操作人員
第26名	金融機關的信用評等人員
第27名	零件銷售人員
第28名	災害保險清算／評估／調查人員
第29名	業務人員、快遞人員
第30名	無線電通訊人員

來源：*The Future of Employment: How Susceptible are Jobs to Computerisation?*, Carl Benedikt Frey et al. (2013)
『人工知能は人間を超えるか』松尾 豊（角川EPUB選書）

其中取代機率最高與最低的前30名工作。

在「會被AI取代的工作TOP30」中，有電話行銷人員以及銀行窗口人員等，排行榜上大多是依循著固定規章、處理的業務相對單純的工作。根據規則進行處理是AI的擅長領域。

相反地，在「不會被AI取代的工作TOP30」中，則是有很多如心理諮商師以及心理學家等與人心相關的工作，還有像是醫師、教師這類必須與人對話的工作。常被人們下意識認為「無所不能」的AI，其實尚有很多不擅長的領域。

不會被AI取代的工作 TOP30

第1名　遊戲治療師[1]	第16名　教育整合人員
第2名　整理／安裝／修理的第一線監督人員	第17名　心理學家
第3名　危機管理負責人	第18名　警察／刑警的第一線監督人員
第4名　精神健康／藥物成癮社會工作者	第19名　牙科醫師
第5名　聽覺訓練師	第20名　小學教師（不包含特殊教育）
第6位　職能治療師[2]	第21位　醫學學者（不包含流行病學）
第7名　牙科矯正醫師／義齒技工	第22名　中小學的教育管理者
第8名　醫療社會工作者	第23名　足病科醫師
第9名　口腔外科醫師	第24名　臨床心理師／在校心理輔導人員
第10名　消防／災害防治的第一線監督人員	第25名　身心科諮商心理師
第11名　營養師	第26名　織物／服裝的打版師[3]
第12名　住宿設施的總管理人	第27名　舞臺美術／展場美術的設計師
第13名　編舞家	第28名　人事管理
第14名　業務工程師（技術業務）	第29名　娛樂活動工作者
第15名　內科醫師／外科醫師	第30名　教育訓練管理者

※1：透過遊戲來幫助身心障礙者復原的專家。
※2：透過日常中的動作以及行動等，來幫助患者身心復原的專家。
※3：將服裝設計圖稿製成紙製版型的專家。

研究人員制定的「人工智慧23條原則」

為了讓AI的發展與全人類的幸福結合

如果是像日本這樣高齡化逐漸攀升的國家，AI在維持社會運作方面便能提供巨大幫助。儘管AI藏有各種危險性，但就現實上來說我們無法停止AI的開發。

2017年1月，在美國加州阿西洛馬聚集了許多AI的研究人員並舉行會議，之後對外發表了在開發AI時應當謹守的23條原則。雖然這些原則並沒有法律強制力，但是全世界有3000名以上的AI研究人員與科學家認同該宗旨，並聯合簽署了23條原則，

阿西洛馬的人工智慧（AI）23條原則

一研究課題

1.研究目標：研究目標追求的人工智慧並非不受控制的智慧，而是有益的智慧。

2.研究經費：不只是電腦科學方面，包括在經濟、法律、倫理以及社會學等方面的棘手難題，也應該投入資金進行相關的有益人工智慧研究。

3.科學與政策的合作：人工智慧研究人員和政策制定者之間，應該要有建設性且健全的交流。

4.研究文化：人工智慧研究人員和開發人員之間，應該要建立互相合作、彼此信賴且公開透明的研究文化。

5.避免競爭：人工智慧系統的開發團隊之間應該要積極合作，以免有人輕忽安全規範。

一倫理與價值

6.安全性：人工智慧系統在其運作期間應該要安全穩固，並且在適用可能及現實層面上通過驗證。

7.損害透明性：如果人工智慧系統造成了某種傷害，應該要確認其原因為何。

8.司法透明性：在司法場合，關於任何參與決策的自治系統，應該要由擁有權限的人類提供能夠監察的充分說明。

9.責任：高度人工智慧系統的設計者和建構者作為利害關係人，要為他們在使用、惡用以及其行為造成的道德影響負責。

10.價值觀一致：高度自治的人工智慧系統，其目的與行動應該設計成能和人類價值觀確實調和。

11.人類的價值觀：人工智慧系統的設計與運用，應該要符合人類的尊嚴、權利、自由以及文化多樣性。

12.個人隱私：針對人工智慧系統分析及利用個人資料而產生的數據，人們應該要擁有自行存取、管理和控制的權利。

其中包含敲響AI威脅警鐘的已故物理學家霍金博士（Stephen William Hawking，1942～2018）、知名企業家馬斯克（Elon Musk，1971～）等知名人士。

隨著今後更強大的AI出現，可能會有各式各樣的風險隨之而來，其中亦包含了最糟糕的局面。因此，人類在進行開發的同時，必須要將這些可能性考慮進去才行。

13. 自由與隱私：運用與個人資料有關的人工智慧時，不得讓個人原本擁有或是應有的自由受到不合理的侵害。

14. 分享利益：人工智慧技術應該盡可能地為更多的人帶來利益或作出貢獻。

15. 共同繁榮：透過人工智慧創造的經濟繁榮應該廣泛分享，謀求全人類的利益。

16. 人類控制：欲透過人工智慧來達成人類要實現的目的時，應該要由人類來判斷進行方法以及在此之前是否要委以判斷。

17. 非顛覆：高度人工智慧系統帶來的控制力，應尊重既有健全社會之基礎 —— 社會與公民秩序，並在該前提之下協助改善，而非顛覆既有的秩序。

18. 人工智慧軍備競爭：應避免致命性自動化武器的軍備競爭。

一長期課題

19. 對能力的警惕：儘管未有共識，仍應避免強硬假設未來人工智慧擁有的能力上限。

20. 重要性：高度人工智慧可能會為地球上的生命以及歷史帶來重大變化，所以我們應該要用與之相應的警惕和資源來加以規劃、管理。

21. 風險：對於人工智慧系統可能會打擊或滅絕人類的風險，應該要有計劃地配合各種影響程度來努力減緩風險。

22. 遞迴的自我提升：會進行遞迴（recursion，將本身的行動結果反應在自己身上）來自我提升，或是進行自我複製的人工智慧系統，由於進步與增生速度極快，其安全管理應該嚴格化。

23. 公益：超級智慧應該為了世間普遍認同的倫理理想，以及非特定組織的全人類利益而開發。

出處：Future of Life Institute（https://futureoflife.org/ai-principles-japanese/）
欄中部分內容由日本Newton Press編輯部補足

AI的陷阱

AI本身並沒有道德觀，也沒有惡意。然而，AI卻有可能被懷有惡意的人類惡用。因此，必須要有保護AI不受惡意人士攻擊的技術。

來看看右頁的貓熊圖像（左上圖）吧。理所當然地，AI能夠辨認出圖像顯示的事物是「貓熊」，接著在這張圖像上進行處理，加入在人類眼中看起來只像是雜訊的成分。由於是以人類幾乎察覺不到的程度進行些微處理，所以處理過後的圖像以人類角度

只讓AI誤解的方法

AI是把構成圖像的點（畫素）的排列以數學方式分析，來辨識顯示的事物為何。把該分析法倒過來使用的話，就有可能在人類無法察覺的狀況下，只讓AI誤解圖像（數據）的內容。以右方範例的圖像來說，即便數據的種類改變，本質上應該仍可以用同一種方法騙過AI。

來看依然還是貓熊。然而，若是利用像是深度學習等類神經網路的AI，就有可能將其辨識成「長臂猿」。如果把這個分析方法倒過來使用，就有可能在人類無法察覺的狀況下，只讓AI誤解數據的內容。

舉例來說，假設某個惡意人士對著自動駕駛汽車的鏡頭，從遠端展示「只有AI會認為好像有個人站在面前的圖像」。如此一來，明明正在行駛的路上沒有任何人，自動駕駛汽車卻會急踩煞車、急轉方向盤。

為了抵禦類似這樣的攻擊，或許可以用兩種方法解決，一是幫AI自身配備不被外部攻擊擾亂的機制，二是在AI本體之外搭載前述結構的方法。至於哪一種較為合適，諸多相關研究現在都還在進行當中。

原始圖像

AI的辨識
貓熊（準確率57.7%）

處理後的圖像

追加成分

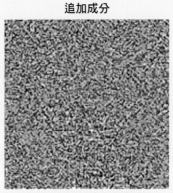

將上方數據經過「稀釋」後加入至原始圖像數據中

AI的辨識
長臂猿
（準確率99.3%）

出處：Goodfellow *et al.*（2015）. Explaining and harnessing adversarial examples.

人「工智慧」（AI）在此告一個段落，您覺得如何呢？

以人類大腦作為模擬範本的「深度學習」技術，結合電腦「能在短時間內進行龐大計算」的優勢，AI就能夠在各領域發揮出超越人類的能力。

AI的性能今後還會持續地提升吧。而隨著將之廣泛應用在社會各種情境中，想必AI在未來會愈加重要。生活在現代社會的我們，每一個人與AI都有著斬不斷的緣分。

就以這本書為契機，一起來思考AI與人類的未來吧！

人人伽利略 科學叢書05

全面了解人工智慧
從基本機制到應用例，
以及人工智慧的未來

從自動翻譯到智慧家電，人工智慧能夠應用的領域越來越多。AI為什麼會這麼厲害？AI會超越人類嗎？AI一直不斷演化的結果是什麼？我們可以從基礎開始了解其聰明機制。

雖然人工智慧非常方便，但是也有各種新的問題浮上檯面：要如何保障AI不會被惡意使用？AI判斷出來的結果真的公平嗎？該如何保護個資？……也有人提出警告，或許有一天AI將演化至脫離人類所能控制的程度，所謂的「技術奇點」終將到來。

定價：350元

人人伽利略 科學叢書06

全面了解人工智慧 工作篇
醫療、經營、投資、藝術……，
AI逐步深入生活層面

利用深度學習這項技術，人工智慧獲得了飛躍性的成長，以破竹之勢融入了我們的生活。從近年來全球車廠爭相開發的自動駕駛汽車，一直到具備基礎客服功能的聊天機器人，乃至於對醫療有所助益的多種診斷方式，AI支援人類的運用層面越來越廣泛。

在防災、商業、藝術等方面，AI又有什麼令人驚異的表現呢？今後又會往什麼方向發展？本書也會一同探討人類與AI的未來。

定價：350元

【 少年伽利略 20 】

人工智慧
浪潮來襲！AI機制發展大解密

作者／日本Newton Press
特約主編／洪文樺
翻譯／吳家葳
編輯／蔣詩綺
商標設計／吉松薛爾
發行人／周元白
出版者／人人出版股份有限公司
地址／231028 新北市新店區寶橋路235巷6弄6號7樓
電話／（02）2918-3366（代表號）
傳真／（02）2914-0000
網址／www.jjp.com.tw
郵政劃撥帳號／16402311 人人出版股份有限公司
製版印刷／長城製版印刷股份有限公司
電話／（02）2918-3366（代表號）
經銷商／聯合發行股份有限公司
電話／（02）2917-8022
第一版第一刷／2022年02月
定價／新台幣250元
　　　港幣83元

國家圖書館出版品預行編目（CIP）資料

人工智慧：浪潮來襲！AI機制發展大解密
日本Newton Press作；
吳家葳翻譯. -- 第一版. --
新北市：人人出版股份有限公司, 2022.02
面；公分. —（少年伽利略；20）
ISBN 978-986-461-273-4（平裝）
1.CST：人工智慧 2.CST：通俗作品

312.83　　　　　　　　　　　110021917

Staff

Editorial Management 木村直之
Design Format 米倉英弘 + 川口 匠（細山田デザイン事務所）
Editorial Staff 中村真哉

Photograph

4〜5	Science Source/アフロ	38〜39	DeepMind
6〜7	ロイター/アフロ	45	組織標本：東邦大学医療センター佐倉病院
8〜9	Zapp2Photo/Shutterstock.com	46	ACワークス株式会社
10	【顔認証】Georgejmclittle/Shutterstock.com,	55	NASA/Ames Research Center/Wendy Stenzel
	【天気予報】elRoce/Shutterstock.com	57	Alamy/PPS通信社
10〜11	MY stock/Shutterstock.com	68〜69	metamorworks/Shutterstock.com
11	【翻訳サービス】metamorworks/Shutterstock.com,	76	sdecoret/Shutterstock.com
	【採用活動】fizkes/Shutterstock.com,	77	Goodfellow et al. (2015). Explaining and harnessing
	【創薬】Ireine/Shutterstock.com		adversarial examples. arXiv:1412.6572v3
17	©Akiyoshi Kitaoka 2003　©KANZEN		

Illustration

2〜3	Newton Press（【スーパーコンピューター】kwarkot/ Shutterstock.com）	48〜49	Newton Press(分子モデル：PDB ID 4EK3, ePMV(Johnson, G.T. and Autin, L., Goodsell, D.S., Sanner, M.F., Olson, A.J.
12〜15	Newton Press		(2011). ePMV Embeds Molecular Modeling into Professional
18〜33	Newton Press		Animation Software Environments. Structure 19, 293-303)
34〜35	Newton Press（【ヒマワリ】Plateresca/Shutterstock. com, Ian 2010/Shutterstock.com, 【チューリップ】Mikhail Abramov/Shutterstock.com）		, PubChem（Kim S, Chen J, Cheng T, Gindulyte A, He J, He S, Li Q, Shoemaker BA, Thiessen PA, Yu B, Zaslavsky L, Zhang J, Bolton EE. PubChem 2019）, MSMS molecular
36〜37	Newton Press（【アメリカンショートヘア，エキゾチック ショートヘア】alexavol/Shutterstock.com, 【スコティッシュフォールド】Eric Isselee/Shutterstock.com, 【ロシアンブルー】Utekhina Anna/Shutterstock.com, 【シャム】Axel Bueckert/Shutterstock.com, 【ピーターボールド】Seregraff/Sutterstock.com）		surface(Sanner, M.F., Spehner, J.-C., and Olson, A.J. (1996) Reduced surface: an efficient way to compute molecular surfaces. Biopolymers, Vol. 38, (3),305-320)
		50〜51	吉原成行
		52〜53	Newton Press
		55〜67	Newton Press
38〜45	Newton Press	70〜75	Newton Press
47	Newton Press	78	Newton Press